乡村振兴实用技术培训教材

U0687286

养猪实用技术

黄石磊　何　航　陈红跃 ◎ 主编

中国农业出版社

北　京

图书在版编目（CIP）数据

养猪实用技术 / 黄石磊，何航，陈红跃主编.
北京：中国农业出版社，2025. 1.（2025. 5 重印）--（乡村振兴实用技术培训教材）. -- ISBN 978-7-109-32732-0

Ⅰ. S828

中国国家版本馆 CIP 数据核字第 2024AU4541 号

养猪实用技术
YANGZHU SHIYONG JISHU

中国农业出版社出版
地址：北京市朝阳区麦子店街 18 号楼
邮编：100125
责任编辑：周锦玉
版式设计：杨　婧　　责任校对：吴丽婷
印刷：北京印刷集团有限责任公司
版次：2025 年 1 月第 1 版
印次：2025 年 5 月北京第 2 次印刷
发行：新华书店北京发行所
开本：787mm×1092mm　1/16
印张：8.75
字数：196 千字
定价：48.00 元

编写人员

主　编　黄石磊（重庆三峡职业学院）

何　航（重庆三峡职业学院）

陈红跃（重庆市畜牧技术推广总站）

副主编　母治平（重庆三峡职业学院）

薛小腧（重庆三峡职业学院）

贺闪闪（重庆三峡职业学院）

付贵花（重庆三峡职业学院）

喻维维（重庆三峡职业学院）

参　编　闫修魁（重庆市万州区畜牧产业发展中心）

张其彬（四川省内江市畜牧业发展中心）

雷明霞（四川省内江市动植物疫病防控和农产品质量检测中心）

李　霞（四川省内江市现代农业技术推广服务中心）

刘　潺（宇和泽农业有限公司）

王丽芳（四川恒通内江猪保种繁育有限公司）

张依玲（重庆三峡职业学院）

张　雄（四川省内江市种猪场）

何道领（重庆市畜牧技术推广总站）

朱　燕（重庆市畜牧技术推广总站）

向邦全（重庆三峡职业学院）

邹　宏（重庆三峡职业学院）

在 21 世纪信息化的背景下，养殖业作为重要的食物供给途径，其科学化、规模化和现代化的发展趋势日益明显。尤其是猪肉作为我国人民生活中不可或缺的重要食物，其产业的发展直接影响到国民经济和社会的稳定。然而，面对养猪业发展的一系列挑战，如疫病防控、环保要求、优质猪肉需求等，我国的养猪实用技术体系亟待完善与提升。

本书以大家关心的养猪实用技术为主题，尽可能全面、细致地展示养猪的全过程，并提供一系列科学的养猪方法。内容涵盖从选种、各阶段猪的饲养管理、营养搭配到场舍设计等多个方面，兼顾传统方式与现代科技的结合，力图为读者提供一本全面、实用的养猪技术手册。

全书共七章，在编写本书过程中，我们采取集体创作的方式，将编写人员按照各自的专长进行分工，由具有丰富养猪经验的专家负责审稿，由研究养猪理论的学者撰写理论指导部分，以确保本书既有深度又有广度。第一章由贺闪闪、朱燕、邹宏编写，第二章由黄石磊、张依玲编写，第三章由喻维维、闫修魁、何道领编写，第四章由付贵花、雷明霞、刘潺编写，第五章由薛小腧、李霞、王丽芳编写，第六章由母治平、张雄、张其彬编写，第七章由何航、陈红跃、向邦全编写。

我们期待这本书能够在实用技术方面指导一线养殖人员更好地开展工作，为养猪业的发展提供一份有价值的参考。我们也期待读者在阅读本书的过程中，能够获得实用的知识，提升养猪的技术水平，为推动我国养猪业的现代化做出自己的贡献。

编　者

2024 年 3 月

目录

前言

第一章　猪的生物学与行为学特性 1

　第一节　猪的生物学特性 1
　第二节　猪的行为学特性 5

第二章　猪的品种 11

　第一节　猪的经济类型 11
　第二节　我国地方猪种 12
　第三节　引进猪种 17
　第四节　培育猪种 21

第三章　猪的繁殖技术 25

　第一节　母猪发情鉴定与适时配种 25
　第二节　猪的人工授精 29
　第三节　猪的妊娠诊断 35
　第四节　猪的分娩助产 37

第四章　种猪的选择 41

　第一节　种猪选择标准 41
　第二节　后备种猪的选择 49

第五章　猪场建设与环境控制　53

第一节　猪场选址规划 ································· 53
第二节　猪舍环境控制 ································· 60

第六章　猪的营养与饲料　71

第一节　猪的营养需要 ································· 71
第二节　猪饲料的配合 ································· 79
第三节　配方设计的方法 ······························ 82

第七章　各阶段猪的饲养管理技术　86

第一节　后备种猪的选择与饲养管理 ················· 86
第二节　种公猪的饲养管理 ··························· 93
第三节　空怀母猪的饲养管理 ························· 99
第四节　妊娠母猪的饲养管理 ························· 103
第五节　哺乳母猪的饲养管理 ························· 108
第六节　哺乳仔猪的饲养管理 ························· 113
第七节　断奶仔猪的饲养管理 ························· 116
第八节　生长育肥猪的饲养管理 ······················ 123

后记 ··· 131
参考文献 ··· 132

01

第一章

猪的生物学与行为学特性

第一节　猪的生物学特性

猪的生物学特性是在长期的自然选择和人工选择下形成的，是猪有别于其他家畜的主要标志，也是科学养猪的主要依据。不同的猪种或类型，既有共性，也有各自的特性。因此，认识和掌握猪的生物学特性之后，就可以按适当的条件加以利用和改造，以获得较好的饲养和繁育效果，达到较大的经济效益。

一、适应性强，地理分布广泛

猪对自然地理、气候等条件的适应性强，是世界上分布最广、数量最多的家畜之一。从生态学适应性看，主要表现对气候寒暑的适应、对饲料多样性的适应、对饲养方法（自由采食和限喂）和方式（舍饲与放牧）的适应。

二、繁殖率高，世代间隔短

猪的性成熟早，妊娠期（只有 114d）、哺乳期短。一般而言，猪在 4～5 月龄即达性成熟，6～8 月龄可以初次配种。我国优良地方猪种性成熟时间较早，3 月龄时公猪开始产生精子，母猪开始发育排卵，产仔月龄亦可随之提前，太湖猪有 7 月龄产仔分娩的。

猪是常年发情的多胎高产动物，在正常饲养管理条件下，猪一年能分娩 2 胎，平均窝产仔 10 头左右，比其他家畜的多，但就目前而言，猪的实际繁殖效率并不高。母猪卵巢中有卵原细胞 11 万个，每一个发情周期内可排卵 12～20 个，而产仔数常只有 8～10 头，在繁殖利用年限内只排卵 400 个左右，公猪一次射精量 200～400mL，其中含精子 200 亿～800 亿个，可见猪的繁殖潜力很大。试验证明，外激素处理可使母猪每个发情期内排卵 30～40 个，个别可达 80 个，产仔数明显提高。通过采取适当繁殖措施，改善营养和饲养管理条件，进一步提高猪的繁殖率是可能的。若缩短仔猪哺乳期，2 年可达到 5 胎，初产母猪一般产仔 8 头左右，第 2 胎可产 10～12 头，第 3 胎以上可达 12 头以上，个别的可达 20 头以上。

猪的性成熟早，妊娠期和哺乳期均较短，因而猪的世代间隔也较短，平均为 1～1.5

年，是牛和马的 1/3、羊的 1/2，仅次于家禽。

三、食性广，饲料转化率高

猪是杂食性动物，食性范围较广，同时具有择食性，特别喜欢甜食和咸食。猪对饲料的转化率仅次于家禽 [1 : (3～3.5)]，高于牛、羊 [肉牛 1 : (6～8)、羊 1 : (5～6)]。

猪有发达的门齿、犬齿、臼齿。上唇短厚、下唇尖小、上下腭活动性不大、口裂大，牙齿和舌尖露到外面即可采食，喝水靠口腔内的压力吸水。猪舌长而尖薄，主要由横纹肌组成，表面有一层黏膜，上面有形状不规则的舌乳头，大部分的舌乳头有味蕾，故猪采食时有选择性，能辨别口味。猪的味蕾数 15 000 个，鸡味蕾数 250～350 个，牛味蕾数 25 000 个，人味蕾数 9 000 个。

猪的唾液腺发达，能分泌大量含有淀粉酶的唾液，除浸润饲料便于吞咽外，还能将少量淀粉转化为可溶性的糖。

猪的胃容量为 7～8L，属肉食动物的单胃与反刍动物的复胃之间的中间类型，因而能广泛地利用各种动植物和矿物质饲料，且利用能力较强，甚至对各种农副产品、鸡粪等都能利用。

猪的肠道较长，约为其体长的 20 倍，饲料通过消化道的时间达 18～20h，消化吸收充分。猪的这种消化道特点，使猪能够采食各种饲料来满足生长发育的营养需要，且采食量大，很少过饱，消化快，养分吸收多。但应注意，猪对含纤维素多、体积较大的粗饲料利用能力差，原因是猪胃内没有分解粗纤维的微生物，只有大肠内有少量微生物可以分解消化，但不如马、驴的盲肠发达，且日粮中粗纤维含量越高，消化率越低，因此，在猪的饲养中应注意精、粗饲料的适当比例，控制粗纤维在日粮中所占的比例，保证日粮的全价性和易消化性。当然，猪对粗纤维的消化能力随品种和年龄不同而有所差异，我国地方猪种较国外培育品种具有较好的耐粗饲料特性。

四、生长发育快

在肉用家畜中，猪和马、牛、羊相比，无论胚胎期或生后生长期，都是最短（表 1-1）。

表 1-1　不同家畜的生长发育期

项目	猪	牛	羊	马	驴
胚胎期（月）	3.8	9.5	5.0	11.34	12.0
生后生长期（年）	1.5～2.0	3～4	2～3	4～5	4.5～5.0

猪初生重小，仅为成年猪体重的 0.5%～1%，但出生后发育迅速。猪的妊娠期较短，同胎仔数又多，故出生时发育不充分。为了补偿妊娠期内发育不足，仔猪生后的头两个月生长速度特别快，各系统、器官日趋发育完善，能很快适应生后的外界环境。1 月龄体重为初生重的 5～6 倍，2 月龄体重为 1 月龄体重的 2～3 倍，在满足其营养需求的条件下，

一般 160~170 日龄体重可达到 90kg 左右，即可出栏上市，相当于初生重的 90~100 倍。

猪在生长初期，骨骼生长强度最大；生长中期，肌肉生长强度最大；而生长后期，脂肪组织生长强度最大。猪利用饲料转化为体脂的能力较强，是阉牛的 1.5 倍左右。因此，养猪过程中应合理利用饲料，正确控制营养物质的供给，同时根据生产需要和市场需求，确定适时出栏体重，避免脂肪过分沉积，影响胴体品质。

在肉用家畜中，猪比其他家畜更能充分利用饲料的营养物质并将其转化成肉食品，且增重快，饲料报酬高，特别是瘦肉型猪生长速度快，代谢强度高，对饲料蛋白质的转化率比其他类型猪高，因而沉积瘦肉的能力强，转化为瘦肉的效率比脂肪型猪更高，产肉量大，猪采食 100g 蛋白质约可生产各种肉类蛋白 12g。

五、嗅觉和听觉灵敏，视觉不发达

猪的嗅觉非常发达，仔猪在出生以后几小时内就能很好地鉴别不同气味，大型猪和成年猪鉴别气味的能力非常强。猪的嗅觉之所以灵敏，是由于猪鼻发达，嗅区广阔，嗅黏膜的绒毛面积大，分布其上的嗅神经非常密集，能嗅到和辨别各种气味。猪对气味的识别能力约比犬高 1 倍，比人高 7~8 倍。在一个猪群中，个体之间基本上是靠嗅觉保持互相联系。如仔猪出生后便能靠嗅觉寻找奶头，3d 后就能固定奶头吃奶，且在任何情况下都不会弄错，故仔猪的固定奶头或寄养在 3d 内进行比较顺利。猪依靠嗅觉能有效地寻找地下埋藏的食物或异物，识别群内个体及自己的圈舍、卧位等。嗅觉在公母猪的性联系中也起很大作用。

猪的听觉也非常发达，能够很好地辨别声音来源、强度、音调和节律，容易对口令和其他声音刺激形成条件反射。猪的耳型大，外耳腔深而广，如同扩音器的喇叭，搜索音响范围大，即使很微弱的响声猪都能察觉到，尽管猪耳相对很少活动，但头部转动灵活，可以迅速判别声源方向。仔猪生后几分钟内便能对声音有反应，几小时即可分辨出不同声音刺激，到 3~4 日龄时已能较快辨别出不同声音。猪对有关吃喝的声音较敏感，当听到喂猪的铁桶声响时会立即起而望食，发出饥饿的叫声。猪对意外响声特别敏感，尤其是对危险信息特别警觉，一旦有意外响声，即使睡觉，也会立即站立起来，保持警惕。因此，为了使猪群保持安静、安心休息，尽量不打扰猪群，不要轻易捉猪，以免影响其生长和发育。另外，猪传递信息最重要的方法是用声音发出信号。目前，能够被人类识别的信号有 20 种，其中有 6 种对人来说较易辨别。猪的叫声因品种、年龄、生活条件不同而有很大的差别，因而不同的个体之间完全可以依据听觉来相互识别和交往。

猪的视觉很弱，对色彩的识别能力很差，属高度近视加色弱。所以母猪与仔猪之间主要靠嗅觉和听觉相互辨识。猪对痛觉刺激特别容易形成条件反射，可适当将其用于调教。例如，利用电围栏放牧，猪受到一两次微电击后，就再也不敢接触围栏了。猪的鼻端对痛觉特别敏感，利用这一点，用铁丝、铁链捆紧猪的鼻端，可保定猪只，便于打针、抽血等。

六、对温度敏感

初生仔猪皮下脂肪少、皮薄，被毛稀疏，体表面积相对较大，很易散失体热。因而仔猪对低温极为敏感。初生仔猪的适宜温度范围较小，为32~34℃（等热区）。仔猪出生后应尽快吃到初乳，并保持环境温度适宜，仔猪的适宜温度为22~32℃。适宜的温度可提高仔猪的代谢强度，增加肠道对营养物质的吸收率。仔猪出生后2d内体温达到并保持正常的水平，之后等热区下限逐渐下移，耐寒力逐渐增强（2~3日龄内保温很关键）。在养猪生产中始终注意"大猪喜凉爽，小猪喜温暖"。

成年猪汗腺退化，皮下脂肪层较厚，散热难；另外，猪只被毛少，表皮层较薄，对日光紫外线的防护力差。这些生理上的特点，使猪相对不耐热。成年猪适宜温度为20~23℃。当环境温度不适宜时，猪表现出热调节行为，以适应环境温度。当环境温度过高时，为了有利于散热，猪在躺卧时会将四肢张开，充分伸展躯体，呼吸加快或张口喘气；当温度过低时，猪则蜷缩身体，最小限度地暴露体表，站立时表现夹尾、曲背、四肢紧收，采食时也表现为紧凑状态（图1-1）。

图1-1 猪聚集取暖

七、喜清洁，易调教

猪喜欢在清洁干燥的地方生活和卧睡，喜欢在墙角、潮湿、荫蔽、有粪便气味处排泄，这在我国地方猪中表现得尤其明显。猪进栏时要耐心细致地调教驯养，尽快达到"三点定位"。"三点定位"即吃食在一处，休息在一处，排便在一处，"三点定位"一旦固定，基本不变。生长猪在采食中一般不排粪，饱食后约5min开始排泄1~2次，多为先排粪后排尿；喂料前易排泄，多为先排尿后排粪；在两次喂食的间隔里只排尿，很少排粪；夜间一般排粪2~3次；猪还习惯在睡觉刚起来饮水或起卧时排泄。因此，可以利用群体易化作用调教仔猪学吃饲料和定点排泄。若猪群过大或围栏过小，猪的上述习惯就会被破坏。

八、群居位次明显

猪的群体行为是指猪群中个体之间发生的各种交互作用。猪具有合群性，习惯于成群活动、居住和睡卧（图1-2）。在无猪舍的情况下，猪能自我固定地方居住，表现出定居漫游的习性。结对是一种突出的交往活动，猪群体表现出更多的身体接触和保持听觉的信息传递。猪有合群性，但也有竞争习性，表现出大欺小、强欺弱和欺生的好斗特性，猪群越大，这种现象越明显。生产中见到的争斗行为主要是争夺群体内等级、地盘和食物。在猪群内，不论群体大小，都会按体质建立明显的位次关系，体质好、"战斗力强"的排在前面，稍弱的排在后面，依次形成固定的位次关系。因此在组群时，一定要将不同品种按强弱分群饲养。

图1-2　猪的成群活动

第二节　猪的行为学特性

随着养猪生产的变革与发展，人们越来越重视研究猪的行为活动模式和机制，以及调教方法，并将其广泛应用于养猪生产。应根据猪的行为特点，制定合理的饲养工艺，设计新型的猪舍和设备，改革传统的饲养技术方法，最大限度地创造适于猪习性的环境条件，提高猪的生产性能，以获得最佳的经济效益。

行为是动物对某种刺激和外界环境适应的反应。不同的动物对外界的刺激表现不同的行为反应，同一种动物内不同个体行为反应也不一样，这种行为反应可以使动物在逆境中生存、生长发育和繁衍后代。猪和其他动物一样，对其生活环境、气候条件和饲养管理条件等的反应会在行为上有所表现，而且有一定的规律性。

一、母性行为

母性行为包括分娩前后母猪的一系列行为，如絮窝、哺乳及其他抚育仔猪的活动等。母猪与仔猪之间是通过嗅觉、听觉和视觉来相互识别和联系的。母猪分娩前 24h，会有神情不安、时起时卧、频频排尿等现象。分娩时多采用侧卧，会选择安静的时间分娩，生产时间多在下午和夜间。母猪不会帮助仔猪撕裂胎衣，舔干体表，所以规范接产就很重要。初产母猪在受到惊吓时，会拒绝哺乳甚至咬死自己的仔猪，因此临产前后的母猪圈舍要保持安静。若初产母猪拒绝哺乳，则要辅助仔猪吃奶。

二、采食行为

猪的采食行为包括摄食与饮水，并具有不同的年龄特征。猪生来就具有拱土的遗传特性，拱土觅食是猪采食行为的一个突出特征。猪鼻是高度发育的器官，在拱土觅食时，嗅觉起着决定性的作用。

如果食槽易于接近，个别猪甚至会钻进食槽，站立食槽的一角，就像野猪拱地觅食一样，以吻突沿着食槽拱动，将饲料搅弄出来，抛洒一地。猪的采食具有选择性，特别喜爱甜食，研究发现未哺乳的初生仔猪就喜爱甜食。颗粒料和粉料相比，猪爱吃颗粒料；干料与湿料相比，猪爱吃湿料，且花费时间较少。猪的采食是有竞争性的，群饲的猪比单饲的猪吃得多、吃得快，增重也多。猪在白天采食 6~8 次，比夜间多 1~3 次，仔猪吃料时饮水量约为干料的 2 倍，即水与料之比为 3∶1；成年猪的饮水量除饲料组成外，很大程度取决于环境温度。

三、排泄行为

家畜的排泄行为往往是遗传或仿效其野生祖先的习惯，但可受饲养管理方式的影响。例如：猪不去吃睡的地方排粪尿，这是祖先遗传下来的本性，因为野猪为避免敌兽发现，不会在窝边排粪尿。实际上，在良好的管理条件下，猪是家畜中最爱清洁的动物。猪通常会保持其睡床清洁、干燥并避免粪便污染，而排粪、排尿都有一定的时间和地点。

1. 在时间上

生长猪在采食过程中一般不排粪，饱食后约 5min 开始排粪 1~2 次，或 3~4 次，且多为先排粪后排尿；在喂料前也有排泄行为，但多为先排尿后排粪；在两次饲喂间隔里猪多排尿，很少排粪；夜间一般排粪 2~3 次，由于夜间长，因而早晨的排泄量大，一般占全天总排粪量 25%~30%。

2. 在地点上

猪一般在食后、饮水和起卧时容易排泄粪尿，在墙角、潮湿、荫蔽或有粪便气味的地方，但大猪在天冷时也有尿窝的现象。初生仔猪一般多分散排粪，随着猪月龄的增加，排泄逐渐区域化。值得注意的是，如果圈栏过小或同一栏内猪数量过多而拥挤，猪就无法表现其好洁性，天生的排泄行为一旦受到干扰，后天的排泄行为就会变得混乱。

猪通常习惯将粪尿排在近饮水处，因此，当猪第一次圈养在水泥地面的猪舍中，在水泥地面的一角用水浇上几天，会诱使猪群在这个地方排泄大部分的粪便。

四、争斗行为

争斗行为包括进攻防御、躲避和守势的活动。在生产实践中能见到的争斗行为一般是由争夺饲料和地盘所引起。新合并的猪群内的相互交锋，除争夺饲料和地盘外，还有调整猪群居结构的作用。当一头陌生的猪进入猪群中，这头猪便成为全群猪攻击的对象，攻击往往很严重，轻者伤皮肉，重者造成死亡。如果将两头陌生性成熟的公猪放在一起，彼此会发生激烈的争斗。

五、活动与睡眠

猪的行为有明显的昼夜节律。猪的活动大部分在白天，温暖季节和夏天的夜间也会活动和采食；遇上阴冷的天气，活动时间缩短。猪的躺卧和睡眠时间很多，延长休息和睡眠时间是正常的功能行为。在有不同的躺卧处可供选择时，猪不喜欢漏缝地面作为躺卧处。昼夜活动因年龄及生产特性不同而有差别，仔猪昼夜休息时间一般为 60%～70%，种猪为 70%，母猪为 80%～85%，育肥猪为 75%～85%，根据年龄、体重和身体状况，猪的躺卧时间有很大差异，体重小的猪躺卧时间占 63%，体重大的猪休息时间占 73%，妊娠母猪休息时间占 95%，休息高峰在半夜，早晨 8 时左右休息最少。

哺乳母猪在哺乳期内白昼各阶段睡卧次数无明显规律，但睡卧时间却有规律，表现出随哺乳天数的增加睡卧时间逐渐减少。走动的次数和时间较有规律，分别表现为由少到多和由短到长，与睡眠休息时间相反，这些都是哺乳母猪特有的行为表现，在饲养管理中应加以重视。哺乳母猪睡卧休息有两种：一种属静卧，休息姿势多为侧卧，少有伏卧，呼吸轻微而均匀，虽闭眼但易惊醒；另一种是熟睡，为侧卧，呼吸深长，有鼾声且常有皮毛抖动，不易惊醒。

仔猪生后 3d 内，除吃乳和排泄外，几乎全是酣睡不动。随着日龄增长和体质的增强，活动量逐渐增大，睡眠相应减少，但至 40 日龄大量采食补料后，睡卧时间又有所增加，饱食后一般较安静睡眠。通常仔猪的活动和睡眠都是尾随和仿效母猪，大约在出生后 5d 随母猪活动，出生后 10d 左右，开始同窝仔猪群体活动，单独活动减少。睡眠休息主要表现为群体睡卧。如出生后第一次哺乳即训练母猪与仔猪分开，将仔猪置于补饲栏内睡卧休息，仔猪便能集中于睡床内睡卧直到断奶。

猪是多相睡眠动物。一天内活动与睡眠交替几次，猪睡眠时全身肌肉松弛，发出鼾声，经常是成群地同时睡眠。猪每天平均有 13% 的时间在仿效活动，在饲养管理中，工作人员应能识别猪的正常睡眠和休息形式，以便发现异常情况，同时，尽可能少地干扰猪正常生理行为的节奏，既有利于增重，又可提高饲料利用率。

六、探究行为

探究行为即探查活动和体验行为。猪一般通过看、听、闻、尝、啃、拱等感官进行探究活动。猪对环境的探究并获得信息，是猪的一个基本的生物学功能，且表现出发达的探究能力，它们对所处的环境认识越多，就越能在复杂的环境中选择恰当的行为，以便更好地适应生存。

这种情况在仔猪中表现明显，仔猪出生后2min左右即能站立，搜寻母猪乳头靠的就是鼻子拱。猪在觅食时，通过鼻闻、拱、舐、啃，当诱食料合乎口味时才会采食。猪在栏内睡觉、采食、排泄区域比较稳定，也是因为嗅觉能区分不同气味（图1-3）。猪对新鲜事物兴趣浓，总愿意用嘴拱几下。一头猪到了新环境，会进行试探性接触，这对成年猪影响不大，但对于免疫力低下的仔猪影响较大，如果猪舍未清理干净或是消毒不彻底，仔猪容易被病原感染。

摄食行为与探查行为有密切联系。猪在觅食时，首先采用拱掘动作，这就是一种探究行为，如仔猪在接触到食物时，首先是闻，然后用鼻拱或嘴啃，当诱食料合乎其口味时，仔猪便会经常去采食，训练仔猪吃料便易于成功。再如母猪与仔猪彼此能准确认识、仔猪吮吸母猪乳头的序位等都是通过嗅觉探查而建立起来的。

图1-3　猪的探究行为

七、后效行为

猪的行为有的与生俱来，如觅食、哺乳和性行为等，有的则是后天形成的，如识别某些事物和听从人们指挥的行为等，后天获得的行为称条件反射行为，或称后效行为。猪对吃、喝的记忆力强，对与饲喂有关的工具、食槽、饮水器（槽）及其方位等易建立起条件反射。根据这些特点，可以制定相应的饲养管理制度，对饲喂、睡卧、排泄三角定位等进行合理的调教与训练。例如，仔猪在人工哺乳时，只要按时发出笛声、铃声等，训练几次，即可听从信号指挥，到指定地点吃食。

八、吸吮行为

吸吮行为与触觉行为、嗅觉行为、听觉行为及印记行为一块组成猪只最初的吮乳行为。该行为有强烈的方位感。因此，初生仔猪一经吸吮乳头（产后6h内），将长期不会忘记这个乳头（图1-4）。利用这一行为特点，可以按强弱、大小、乳头前后，在首次吸吮时固定乳头，以期获得好的整齐度，反之将引发1~2d的吮乳争斗，影响仔猪生长。

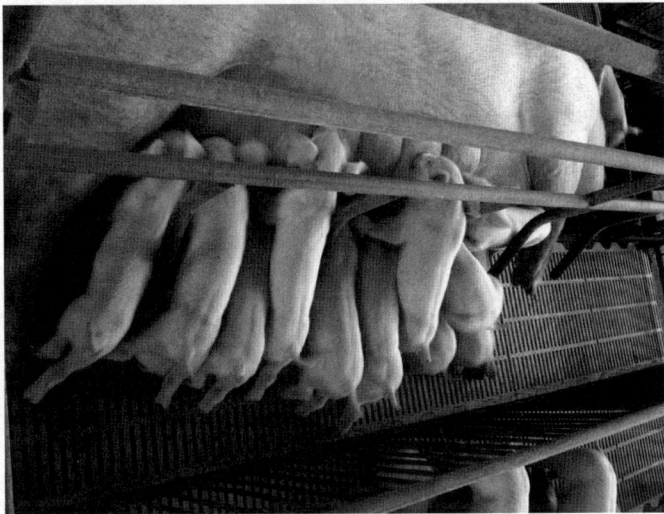

图1-4　仔猪吸吮行为

九、性行为

性行为包括发情、求偶和交配行为。公猪性行为受发情母猪释放的性激素支配。自然交配时，公猪若配种能力差，则一般是由于肢体、阴茎受伤或青年公猪爬跨方向错误造成的。正常情况下，在公猪6~9月龄时，要与母猪进行适当接触。一般相隔几米就可接收到来自母猪的性信息，有利于公猪雄性特性的正常发育。后备公猪尽可能长时间群养。人工授精采精时的环境条件要保证舒适安静，以利于获得足量、优质精液。高温可严重影响公猪的性活力与精子质量，特别是夏季高温季节要做好公猪的防暑降温工作。

母猪的正常发情是猪场生产稳定的基础。母猪在发情期时，要与公猪有一定的接触，以保证准确地进行发情鉴定。在没有公猪在场的条件下，人工检查发情的准确度只有50%；如果母猪能听到公猪声音、嗅到气味，检查发情准确率可达90%；如能与公猪接触则准确率可达100%。适度接触公猪有利于发情鉴定，但过度接触也会引发性冷淡。

十、异常行为

异常行为是指超出正常范围的行为。恶癖就是对人畜造成危害或带来经济损失的异常行为，它的产生多与动物所处环境中的有害刺激有关。如长期圈禁的母猪会持久而顽固地咬嚼自动饮水器的铁质乳头。母猪生活在单调无聊的栅栏内或笼内，常狂躁地在栏笼前不停地啃咬栏柱。一般其咬栏柱的频率和强度随其受限制程度增加而增加，并且攻击行为也会增加；口舌多动的猪，常将舌尖卷起，不停地在嘴里伸缩，有的还会出现拱癖和空嚼癖。相残是另一种恶癖，如神经质的母猪在产后出现食仔现象。在拥挤的圈养条件下，营养缺乏或无聊的环境中常发生咬尾异常行为，给生产带来极大危害。

02 第二章

猪的品种

第一节　猪的经济类型

按照经济用途，可以将猪的品种分为三种类型，即瘦肉型、脂肪型和肉脂兼用型。

一、瘦肉型

该类型猪有以下特点：

(1) 腿臀发达，肌肉丰满，后腿重占胴体重的30%以上。

(2) 体躯长，体长大于胸围15cm以上，背腰平直或稍弓，头颈部轻而肉少，前躯轻而后躯重，四肢较高而长，粗壮结实。

(3) 背膘厚度1.5~3.5cm，较薄。

(4) 瘦肉率高，瘦肉重占胴体重的58%以上。

代表猪种有丹麦长白猪、英国大约克夏、美国杜洛克、中国三江白猪。

二、脂肪型

该类型猪总体表现为体躯短、宽、矮、肥。背膘厚度4~6cm；中躯呈正方形，体长与胸围基本相等，二者差不超过2cm；全身肥满，头颈较重，垂肉多，腹大下垂，四肢短；瘦肉重占胴体重的40%以下。

代表猪种有广西陆川猪、福建槐猪、云南滇南小耳猪。

三、肉脂兼用型

体型和生产性能均介于瘦肉型和脂肪型两者之间，生产肉和脂肪的能力强，体质结实，胴体瘦肉率50%~55%，背膘厚2.5~3.5cm。

我国培育的大部分品种如哈白猪、新金猪、新淮猪、上海白猪，以及国外的中约克夏等均属此种类型。

第二节 我国地方猪种

一、我国地方猪种的类型划分

按生产性能、体质外形、分布等情况，结合当地的自然和饲养条件、农业生产和人类迁移等情况进行划分，我国猪种可分为华北型、华南型、江海型、西南型、华中型、高原型6种类型。

1. 华北型

华北型主要分布于淮河、秦岭以北地区。

体躯高大，背毛多为黑色，嘴筒较长，头平直，耳大下垂，额部有皱褶，体质强壮，皮厚。乳头8对左右，窝产仔数12头以上，母性强，泌乳能力好，耐粗饲。

优点是繁殖力高，抗逆性强；缺点是生长速度慢，后腿欠丰满。

代表猪种：民猪、八眉猪、黄淮海黑猪、汉江黑猪和沂蒙猪等。

2. 华南型

华南型主要分布于我国的南部和西南部边缘地区。

体型偏小，毛色多为黑白花，头臀多为黑色，腹部白色，头平直，背腰宽但多凹，腹大下垂，腿臀丰满，头小耳小，皮薄毛稀。乳头5～6对，窝产仔数6～10头，繁殖力差。

优点是早期生长快，骨细，屠宰率高；缺点是抗逆性差，脂肪多。

代表猪种：两广小花猪、香猪、滇南小耳猪、海南猪等。

3. 江海型

江海型主要分布于汉水和长江中下游沿岸以及东南沿海地区。

毛黑色或少量白斑，耳大下垂，腹大，骨骼粗壮，皮厚多皱褶。乳头8对以上，窝产仔数13头以上，高产者达15头以上。

优点是繁殖力极强；缺点是皮厚，体质不强。

代表猪种：太湖猪、虹桥猪、姜曲海猪等。

4. 西南型

西南型主要分布于四川盆地和云贵高原以及湖南、湖北的西部。

头较大，颈粗短，额部有皱纹，背腰宽而凹，毛色全黑或黑白花。乳头6～7对，窝产仔数8～10头。初生重较小，平均0.6kg。

优点是育肥能力强；缺点是饲料利用率一般，屠宰率和繁殖力略低。

代表猪种：荣昌猪、内江猪等。

5. 华中型

华中型主要分布于长江和珠江流域的广大地区。

生长性能在华南猪和华北猪之间，毛色多为黑白花，头尾多为黑色，体躯中部有黑斑，个别全黑，背腰宽且凹，腹大下垂，皮毛稀薄，额部有皱褶，耳下垂。乳头6～7对，窝产仔数10～13头。

优点是骨骼较细，早熟易肥，肉质优良；缺点是体质疏松，体格较弱。

代表猪种：宁乡猪、金华猪等。

6. 高原型

高原型主要分布于青藏高原。

毛色多为全黑，少数为黑白花和红毛，体躯较小，结实紧凑，四肢发达，蹄坚实而小，嘴尖长而直，毛浓密，善于奔走。乳头多为5对，窝产仔数5～6头。

优点是抗逆性极好，放牧能力强；缺点是生长速度慢，繁殖力低。

代表猪种：藏猪等。

二、中国优良地方品种

1. 中国地方猪的优良种质特性

中国地方猪繁殖力强；适应性强；抗寒与抗热能力强；肉质优良；性情温驯，母性强。

2. 代表猪种

优秀的中国地方猪种代表有民猪、香猪、太湖猪、荣昌猪、金华猪、八眉猪等。

（1）民猪　分布在东北、华北地区，分为大民猪、二民猪和荷包猪3个类型。全身黑色，鬃长毛密，体质强健，头中等大小，嘴鼻长直，额部有纵行皱纹，耳大下垂（图2-1）。抗寒性强，耐粗饲，繁殖力高，经产母猪每胎产仔高达15.3头，乳头7～8对，2月龄体重12kg以上。后备公猪8月龄体重77.8kg、母猪84.8kg，成年公猪200kg、母猪148kg；母猪产仔较多而且稳定，仅次于太湖猪；经产母猪平均产仔数13.9～14.7头；初生重0.98kg；60日龄断奶头数10.6头，个体重12.23kg；育肥期日增重约458g。

（2）香猪（小型猪）　产地较多，有产于贵州省从江县的从江香猪、产于三都县的剑河白香猪、产于环江县的环江香猪、产于巴马瑶族自治县的巴马香猪，俗称"萝卜猪""冬瓜猪""珍珠猪""迷你猪"，民间又称"七里香"或"十里香"，"一家煮肉四邻香，七里之遥闻其味"。香猪体格短小。其被毛为黑色，毛细有光泽、头长，额平，额部皱纹纵横，眼睛周围无毛区明显，耳薄向两侧平伸，背腰微凹，腹大圆而下垂，四脚短细，尾巴细小（图2-2）。

图 2-1　民猪

图 2-2　香猪

　　香猪 6 月龄公猪平均体重 14.2kg，体长 65cm，体高 33cm，胸围 55cm；母猪 8 月龄平均体重 30kg，体长 70cm，体高 47cm，胸围 73cm。育肥香猪屠宰率为 63.6％，瘦肉率达 52.2％。

　　（3）太湖猪　是世界上产仔数最多的猪种，享有"国宝"之誉。无锡地区是太湖猪的重点产区。太湖猪属于江海型猪种，产于江浙地区太湖流域，是我国猪种繁殖力强、产仔数多的著名地方品种。太湖猪体型中等，被毛稀疏，黑或青灰色，四肢、鼻均为白色，腹部紫红，头大额宽，额部和后躯皱褶深密，耳大下垂，形如烤烟叶。四肢粗壮，腹大下垂，臀部稍高，乳头 8～9 对（图 2-3）。依产地不同，分为二花脸、梅山、枫泾、嘉兴黑和横泾等类型。

图2-3 太湖猪

从生产性能来看公猪生长较慢，4月龄约7.87kg，6月龄约16.02kg，成年约38.24kg；母猪4月龄约11.08kg，6月龄约26.29kg，成年约41.1kg。性成熟早，公猪170日龄配种，母猪120日龄初配，头胎均产仔4.5头，3胎以上5～6头。育肥期日增重较好条件下约为210g，香猪早熟易肥，宜于早期屠宰。

（4）荣昌猪　主要分布于四川省荣昌、隆昌两地。体型较大，面微凹，耳下垂，额面皱纹横行，腹大而深，四肢细致结实，被毛除眼周外均为白色，也有少数在尾根及体躯出现黑斑，俗称"熊猫猪"，乳头6～7对（图2-4）。

图2-4 荣昌猪

日增重313g左右，屠宰率平均69%，瘦肉率42%～46%，性成熟早，初产平均窝产仔数6.7头，经产平均窝产仔数10.2头。

（5）金华猪　主要分布于浙江金华地区的义乌、东阳和金华三县。体型中等偏小，耳中等大小且下垂，腹大而深，毛色除头颈和臀部为黑色外，其余全白，故有"两头乌"之称，乳头8对（图2-5）。

图 2-5 金华猪

繁殖力高，母性好，一般窝产仔数 14 头左右，后腿可制作火腿，即著名的"金华火腿"。

（6）八眉猪（华北型）　主要分布于陕西、宁夏隆德县、青海等地。该区域冬季严寒，夏季干旱，属典型的大陆性气候；水土流失，风沙弥漫，土壤瘠薄，植被稀疏；农作物以小麦、玉米、高粱、谷和豆类为主，农副产品较为丰富，饲料条件较好。八眉猪于 1981 年被列为全国重点保存地方猪之一，统计有 7 万多头，分为大八眉、二八眉和小伙猪 3 个类型（图 2-6）。

图 2-6 八眉猪

大八眉成年公猪平均体重 104kg，母猪 80kg；二八眉公猪体重约 89kg，母猪约 61kg；小伙猪公猪体重 81kg，母猪体重 56kg。公猪 10 月龄体重 40kg 配种，母猪 8 月龄体重 45kg 配种；产仔数头胎平均 6.4 头，3 胎以上 12 头；八眉猪公猪性成熟较早，30 日龄左右即有性行为，母猪于 3～4 月龄（平均 116d）开始发情。

（7）藏猪（高原型）　分布于云南迪庆、四川阿坝及甘孜、甘肃合作及西藏山南、林芝、昌都等地。全身被毛黑色，幼年有黄色纵条条纹，随年龄增长而逐渐消失；嘴筒长，直尖，呈锥形；耳小直立；背腰一般较平直，腹部紧凑；前躯低、后躯高，体躯较短，胯部倾斜；四肢健壮，蹄质坚实；无卧系现象；乳头数一般为5～6对（图2-7）。

图2-7 藏猪

藏猪在放牧条件下，初产母猪窝产仔数平均为5头，第2胎平均为6头，3胎以上平均为7头。公猪性成熟较早，2月龄即出现爬跨现象。一般2～3周岁体重仅为40～50kg；改变饲养管理条件，育肥180d后体重可达22.36kg，日增重达124g，每增重1kg需要消耗混合精料6.77kg。

第三节　引进猪种

本书介绍几种主要的引进猪种，如长白猪（兰德瑞斯）、大白猪（大约克夏）、杜洛克猪、皮特兰猪、汉普夏猪等。

一、长白猪（兰德瑞斯猪）

长白猪原产于丹麦，又叫兰德瑞斯猪，是目前世界上分布较广的瘦肉型品种之一。

1. 体型外貌

被毛全白，头小而清秀，嘴尖，面直狭长，耳大前伸，体躯长，背腰平直，大腿丰圆，体躯呈前窄后宽的流线型，乳头7对（图2-8）。

2. 生长发育与生产性能

成年公猪体重250～350kg；成年母猪体重220～300kg；经产母猪平均窝产仔数11～12头；育肥平均日增重700g以上；胴体瘦肉率62％以上。长白猪具有生长快，耗料少，胴体瘦肉率高，产仔多，泌乳性能好等优点。

图 2-8 长白猪

3. 杂交利用

因产仔多，泌乳性能好，长白猪常作杂交母本猪，如三元杂交杜长大（杜洛克猪×长白猪×大白猪）、杜大长（杜洛克猪×大白猪×长白猪）、四元杂交皮杜长大（皮特兰猪×杜洛克猪×长白猪×大白猪）、皮杜大长（皮特兰猪×杜洛克猪×大白猪×长白猪），杂种优势显著。

二、大白猪（大约克夏猪）

大白猪原产于英国，是目前世界上分布较广的瘦肉型品种之一。

1. 体型外貌

被毛全白，头长面宽而微凹，耳直立，背腰微弓，后躯宽长，四肢较高，肌肉发达，乳头 7 对（图 2-9）。

图 2-9 大白猪

2. 生长发育与生产性能

成年公猪体重350～380kg；成年母猪体重250～300kg；经产母平均窝产仔数12头以上；育肥期平均日增重700g以上；胴体瘦肉率61%以上。大白猪具有生长快、耗料少、胴体瘦肉率高、产仔多、泌乳性能好等优点，但蹄质欠坚实。

3. 杂交利用

因产仔多，泌乳性能好，常作杂交母本猪，如三元杂交杜长大、杜大长，四元杂交皮杜长大、皮杜大长，杂交优势显著。

三、杜洛克猪

杜洛克猪原产于美国东部，是目前世界上生长速度快、饲料利用率高的优秀品种之一。

1. 体型外貌

体躯长，背腰微弓，头较小、面清秀，脸部微凹，耳中等大、半下垂，后躯丰满，四肢粗壮，肌肉发达，全身被毛棕红色，深浅不一（图2-10）。

图2-10　杜洛克猪

2. 生长发育与生产性能

成年公猪体重340～450kg；成年母猪体重300～390kg；经产母猪平均窝产仔数9.78头；育肥期平均日增重750g以上；料重比2.9∶1以下；胴体瘦肉率63%以上；杜洛克猪具有生长快、瘦肉多、耗料少、较耐寒、杂交效果好等优点，但产仔较少。

3. 杂交利用

因其生长快，耗料少，常作终端父本，如三元杂交杜长大、杜大长，杂种优势显著。

四、皮特兰猪

皮特兰猪原产于比利时，是欧洲使用较广的一个瘦肉型品种，最近十多年我国引入很多皮特兰猪，杂交优势显著。

1. 体型外貌

毛白、灰白，并夹有黑色斑块，耳中等大小且微向前倾，体躯宽而短，脚较短，肌肉发达（图2-11）。

图2-11　皮特兰猪

2. 生产性能

母猪平均窝产仔数8头；胴体瘦肉率65%以上；眼肌面积大；杂交时能显著提高后代瘦肉率，但生长较慢，肉质不佳。

3. 杂交利用

因胴体瘦肉率高，无应激皮特兰培育成功，用作终端杂交父本，杂交优势显著，如四元杂交皮杜长大、皮杜大长。

五、汉普夏猪

汉普夏猪原产于美国肯塔基州的布奥尼地区，是北美分布较广的一个品种，中华人民共和国成立后，从美国和匈牙利引入我国。

1. 外貌特征

体型大，背腰微弓，后躯肌肉丰满。毛色特征突出，即在肩颈结合部有一白带（包括肩和前肢），其余均为黑色，故有"银带猪"之称（图2-12）。

图2-12 汉普夏猪

2. 生产性能

繁殖力一般，窝产仔数7～9头，生长速度与长白猪、大白猪相似，肌肉结实，腿肌及腰肌丰厚，瘦肉率高，背膘特薄。

3. 杂交利用

引入的汉普夏猪适应性较差，繁殖力不强，产仔率较低，公猪交配意愿较弱，管理较为困难。

第四节 培育猪种

培育猪种通常是指在我国鸦片战争（1840年）以后，尤其是中华人民共和国成立以来，利用从国外引入的猪种与我国地方猪种杂交培育而成的猪种，有的是利用原有血统不明的杂种猪群加以整理和选育而成的，有的是按照事先拟定的育种计划进行选育的。

一、分类

按所利用的国外品种的异同以及猪种的特征和特性，大体上可将培育猪种归纳为以下3类。

（1）受大白（约克夏或苏白）猪影响较大的品种。多数是用当地猪种与大白猪级进杂交二代以上，获得理想杂种个体后，再采用自群繁育而育成的，通常为白色毛，如上海白猪、三江白猪等。

（2）受巴克夏猪影响较大，或以本地黑猪血统为主、掺有少量其他品种血液的新品种。毛色全黑或在体躯末端有少量白斑，如新金猪、新淮猪、北京黑猪等。

（3）受波中猪影响，或用克米洛夫或其他品种与地方品种进行复杂杂交而育成的品种，如垛山猪、定县猪等，毛色为黑白花，有的还杂有棕色。

二、代表性培育猪种

我国培育猪种或品系的育成，起始于国外品种的引入以及利用国外优良品种杂交改良我国地方猪种。培育品种保留了我国地方品种母性强、发情明显、繁殖力高、肉质好、适应性强、能大量利用青粗饲料等优点，同时改进其增重慢、饲料利用率低、屠宰率低、体型结构不良、胴体中皮下脂肪多、瘦肉少等缺点。中华人民共和国成立以来，全国各地都在大力开展猪的杂交改良工作，到目前为止，共育成40多个猪的新品种或品系，这些新品种或品系的类型主要以瘦肉型和肉脂兼用型为主。

1. 三江白猪

三江白猪原产于黑龙江佳木斯地区，现主要分布在黑龙江东部三江平原地区。三江白猪是利用长白猪和民猪正反交，一代杂种母猪再与长白猪公猪回交，经闭锁繁育于1983年育成的我国第一个瘦肉型猪种。

（1）体型外貌　全身被毛白色，毛丛稍密，体型近似长白猪，具有典型的瘦肉型猪的体躯结构。头轻嘴直，耳大下垂，背腰宽平，腿臀丰满，四肢粗壮，蹄质结实，乳头7对，排列整齐。

（2）生长发育与生产性能　成年公猪体重250～300kg，成年母猪体重200～250kg。经产母猪平均产仔数12.4头。6月龄育肥猪体重达90kg以上，平均日增重666g，饲料利用率3.5以下。育肥猪90kg体重屠宰，胴体瘦肉率58.6%。三江白猪具有生长较快、耗料少、瘦肉多、肉质好、抗寒力强等优点。

（3）杂交利用　三江白猪与杜洛克猪、汉普夏猪等品种具有较好的配合力，既可以作杂交父本，也可以作杂交母本。

2. 湖北白猪

湖北白猪原产于湖北省武汉市，在湖北省大部分市县均有分布，是利用通城猪、荣昌猪与长白猪和大约克夏猪进行杂交选育，于1986年育成的我国第二个瘦肉型猪种。

（1）体型外貌　全身被毛白色，体型中等，头颈较轻，面部平直或微凹，耳中等大、前倾或稍下垂，背腰较长，腹线较平直，前躯较宽，中躯较长，腿臀肌肉丰满，四肢粗壮，蹄质结实，乳头6对。

（2）生长发育与生产性能　成年公猪体重 250～300kg，成年母猪体重 200～250kg。经产母猪平均产仔数 12 头以上，6 月龄育肥猪体重达 90kg 以上，20～90kg 阶段日增重 600～650g，饲料利用率 3.5 以下。育肥猪 90kg 屠宰，胴体瘦肉率 59％以上。湖北白猪具有瘦肉多、肉质好、生长发育快、适应性强、耐高温能力强等优点。

（3）杂交利用　以湖北白猪为母本，与杜洛克猪、汉普夏猪杂交均具有较好的配合力，特别是与杜洛克猪杂交效果明显。

3. 苏太猪

苏太猪原产于江苏省苏州市，现已向全国十余个省份推广。以世界上产仔数最多的太湖猪为母本，与长白猪、大约克夏猪、杜洛克猪相互杂交，于 1999 年培育成功，属瘦肉型猪品种。

（1）体型外貌　全身被毛黑色，耳中等大、向前下方下垂，头面部有清晰皱纹，嘴中等长而直，四肢结实，背腰平直，腹部紧凑，后躯丰满，乳头 7 对，分布均匀。

（2）生长发育与生产性能　正常饲养条件下，6 月龄后备公猪体重 70～85kg、后备母猪体重 72～88kg。经产母猪平均产仔数 14.45 头。6 月龄体重达 90kg 以上，育肥猪体重 25～90kg 阶段，平均日增重 623g，饲料利用率 3.18，育肥猪 90kg 屠宰，屠宰率 72.88％，胴体瘦肉率 56％。苏太猪具有繁殖力强、耐粗饲、适应性强、肉质优良等优点。

（3）杂交利用　苏太猪是理想的杂交母本，与长白猪、大约克猪杂交，效果良好。

4. 哈尔滨白猪

哈尔滨白猪简称为哈白猪，产于黑龙江省南部和中部地区，并广泛分布于滨洲、滨绥和牡佳等铁路沿线。哈白猪是东北农学院于 1975 年育成的我国第一个肉脂兼用型品种。

（1）体型外貌　体型较大，全身被毛白色，头中等大，两耳直立，颜面微凹，背腰平直，腹稍大但不下垂，腿臀丰满，四肢强健，体质结实，乳头 7 对以上。

（2）生长发育与生产性能　成年公猪体重 200～250kg，成年母猪体重 180～200kg。母猪平均产仔数 11.3 头。育肥猪体重 15～120kg 阶段，平均日增重 587g。体重 115kg 屠宰，屠宰率 74.75％，胴体瘦肉率 45.1％。近年来经过选育提高的哈白猪平均日增重达 650g，胴体瘦肉率 56％以上。哈白猪具有抗寒力强、耐粗饲、生长较快、耗料较少等优点，是产区优良的杂交母本。

（3）杂交利用　哈白猪与民猪、三江白猪和东北花猪（黑龙系）进行正反杂交，所得的一代杂种猪在育肥期平均日增重和饲料利用率均具有较强的杂种优势。用哈白猪作母本，与杜洛克猪、长白猪、大约克夏猪杂交具有较好的杂交效果。

5. 上海白猪

上海白猪产于上海近郊的原上海和宝山两县（现闵行区和宝山区一带），分布于上海市郊各县，是利用大约克夏猪、苏白猪等品种与本地猪经杂交育成的肉脂兼用型品种。

（1）体型外貌　全身被毛白色，面部平直或略凹，耳中等大，略向前倾，体躯较长，背宽平直，腹较大，腿臀丰满，四肢强健，体质结实，乳头7对。

（2）生长发育与生产性能　成年公猪体重158kg，成年母猪体重177.6kg。经产母猪平均产仔数12.93头。育肥猪体重22～87kg阶段平均日增重615g，饲料利用率3.5左右。体重90kg屠宰时，屠宰率78％，胴体瘦肉率52.419％。上海白猪具有生长较快、胴体瘦肉率较高、产仔较多等优点，但青年母猪发情不明显。

（3）杂交利用　用上海白猪作母本，与杜洛克猪、大约克夏猪进行杂交，具有较好的杂交效果。

6. 北京黑猪

北京黑猪产于北京市各区县，是用巴克夏猪、约克夏猪、苏白猪及河北黑猪通过复杂杂交与系统选育于1982年育成的肉脂兼用型品种。

（1）体型外貌　全身被毛黑色，体型中等，结构匀称。头大小适中，两耳向前上方直立或平伸，面部微凹，额较宽，颈肩结合良好，背腰宽平，腹部不下垂，四肢健壮，腿臀较丰满，体质结实，乳头7对以上。

（2）生长发育与生产性能　成年公猪体重262kg，成年母猪体重220kg。经产母猪平均产仔数11.52头。生长育肥猪在体重20～90kg阶段，平均日增重650g，饲料利用率3.36。体重90kg屠宰时，屠宰率73％，胴体瘦肉率56％。北京黑猪具有体型较大、生长较快、肉质好等优点。

（3）杂交利用　用长白公猪与北京黑猪杂交，杂种母猪作母本，再用杜洛克猪或大约克夏猪作父本进行经济杂交，效果明显。

03 第三章

猪的繁殖技术

猪的常规繁殖技术包括发情鉴定与适时配种技术、人工授精技术、妊娠诊断技术及分娩助产技术。

第一节　母猪发情鉴定与适时配种

发情鉴定是母猪繁殖技术第一个且至关重要的环节,其目的主要是:判断母猪的发情阶段,预测排卵时间;确定适宜配种期,及时进行配种或人工授精,提高受胎率;另外可以观察母猪发情是否正常,及时治疗。

一、母猪的发情生理

了解母猪的发情生理是做好发情鉴定的基础。

1. 发情

发情是指母畜生长发育到性成熟阶段时所表现的周期性性活动现象。母猪卵巢上的卵泡发育引起雌激素的分泌,并在少量孕酮的协同下,刺激神经系统的性中枢,引起性兴奋,产生交配欲。母猪发情通常持续 2~3d,胎次、品种和内分泌的异常都会影响母猪发情的持续时间。

2. 发情周期

在性成熟且非妊娠条件下,母猪每间隔一定时期均会出现 1 次发情,通常将这次发情开始至下次发情开始或这次发情结束至下次发情结束所间隔的时期,称为发情周期。

母猪的 1 个正常发情周期为 20~22d,平均为 21.5d。不同品种间略有差异,如我国的某些小型猪种 1 个发情周期仅 19d。猪全年均可发情,配种无季节性,在整个发情周期中,母猪的卵巢、生殖道及行为等表现出不同的生理变化。按这些生理变化可将猪的发情周期分为 4 个阶段,即发情前期、发情期、发情后期和间情期。

(1) 发情前期　为发情的准备时期。此阶段,在前列腺素 PGF2α 的作用下,卵巢中上一个发情周期所产生的黄体逐渐退化,在促卵泡素(FSH)的作用下,新的卵泡开始快速生长发育,雌激素也开始分泌;阴道黏膜上皮细胞增生,外阴部肿胀且阴道黏膜轻度充血、肿胀，由浅红变为深红；子宫颈略为松弛，子宫腺体略有生长，腺体分泌活动逐渐增加，分泌少量稀薄黏液。但此时母猪尚无性欲表现，不接受公猪爬跨。

（2）发情期　为发情的最旺盛时期，故也称为发情盛期，是从母猪接受爬跨交配或压背站立不动开始到拒绝交配为止的一段时间，是发情征状最明显的时期。卵巢上的卵泡迅速发育成熟，FSH 和促黄体生成素（LH）分泌增多，当 LH 分泌达到峰值时，卵泡破裂，排出卵子。雌激素分泌增多，强烈刺激生殖道，使阴道及阴门黏膜充血肿胀明显，子宫黏膜显著增生，子宫颈口松弛，子宫肌层收缩加强，腺体分泌增多，有大量透明稀薄黏液排出。外阴部充血肿胀明显，阴唇鲜红，性欲表现强烈，追找公猪，神情呆滞，站立不动，愿意接受公猪爬跨和交配。多数母猪表现厌食、鸣叫，此时用手压背，表现四肢叉开，站立不动。

（3）发情后期　为发情征状逐渐消失的时期。此时期母猪精神由兴奋转为安静，性欲减退，有时仍走动不安，或爬跨其他母猪，但拒绝公猪爬跨和交配。此期雌激素分泌显著减少，排卵后的卵泡空腔开始充血并形成黄体，黄体分泌孕酮作用于生殖道，使充血肿胀逐渐消退；子宫内膜逐渐增厚，子宫颈管道开始收缩，腺体分泌减少，黏液量少而黏稠。

（4）间情期　又称休情期，从发情征状消失开始到下次发情征状重新出现为止的一段时间。此期母猪卵巢在排卵后形成黄体并分泌孕酮，精神表现安静，食欲正常。

二、初情期与适配年龄

1. 初情期

青年母猪第一次发情的时期。初情期开始的时间是遗传所决定的，但初情期的发展过程可受环境因素影响。母猪的初情期一般为 5～8 月龄，平均为 7 月龄，但我国的一些地方品种可以早到 3 月龄。

2. 性成熟

母猪性成熟是指生殖器官发育完善，表现完全的发情征状，排出能受精的卵细胞和有规律的发情周期；猪一般在 5～8 月龄达到性成熟，但此时猪的生长发育尚未完成，不宜配种。我国的本地猪种较外国的瘦肉型猪性成熟早。

3. 适配年龄

适配年龄是人为规定的最适宜的配种年龄，一般在性成熟之后、体成熟之前（达到成年体重的 60%～70%）。初情期受猪品种及饲养管理等许多因素影响，因此，一般以初情期后隔 1～2 个发情周期后配种为宜。如果配种过晚，空怀期时间长，经济上不划算。母猪初次适配年龄：培育品种及引入外国品种一般为 8～10 月龄，体重 100kg 左右；地方品种为 6～8 月龄，体重为 70～90kg。

三、发情鉴定技术

发情鉴定是为了预测母猪排卵的时间，并根据排卵时间确定输精或者交配的时间。由于母猪发情行为十分明显，一般采用直接观察法，即根据阴门及阴道的红肿程度、对公猪的反应等可检出。引进瘦肉型品种或其他杂交品种的母猪发情行为和外阴变化不及国内地方品种明显，甚至部分猪出现安静发情，因而还要结合黏液判断法、试情法和压背法来进行发情鉴定，以提高配种受胎率。

1. 行为观察法

母猪发情时，行为变化明显，对周围环境十分敏感，兴奋不安，食欲下降，两耳耸立，东张西望，嚎叫，拱地，两前肢跨上栏杆，往往拱圈门，有跳出猪圈的欲望，也称"闹圈"；在群体饲养的情况下，爬跨其他猪，随着发情高潮的到来，上述表现愈来愈频繁，随后母猪食欲由低谷开始回升，嚎叫频率逐渐减少，神情呆滞，愿意接受其他猪爬跨，则为母猪发情最旺时期。

2. 外阴和黏液判断法

发情母猪阴门肿胀（图3-1），过程可简化为"水铃铛、红桃、桑葚"。颜色变化为从白粉变粉红，到深红，再到紫红色。状态由肿胀，微缩，到皱缩。

母猪发情后，阴门内常流出一些黏性液体（图3-2）。初期似尿，清亮；盛期颜色加深为乳样浅白色，有一定浓度；后期为较稠，略带黄色，似鼻涕样。

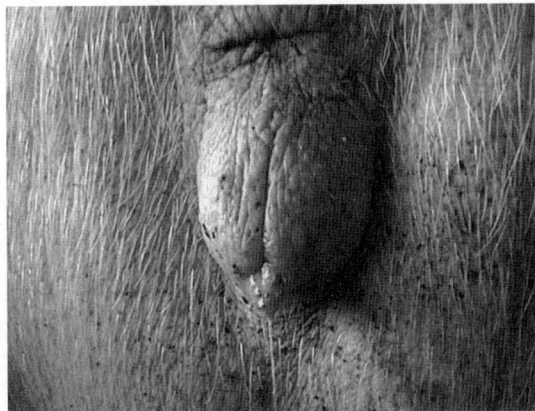

图3-1 发情母猪阴门肿大

图3-2 发情母猪阴户黏性分泌物

3. 压背法

用手按压母猪背腰部时，母猪呆立不动，四肢叉开，弓腰；触摸臀部时，愿意被触摸且臀部朝触摸方向移动，则母猪处于发情盛期。母猪如果不接受压背并发出叫声，表示配种过早；压背坐地不起，输精配种为时已晚。

4. 试情法

用公猪试情，母猪极为兴奋，愿意接近公猪，头对头地嗅闻；公猪爬跨时，则静立不动，此时正是配种良机。

四、配种技术

1. 配种时机

母猪排卵一般发生在发情开始后24~48h，排卵高峰在发情后36h左右，母猪排卵持续10~15h。卵子在生殖道内保持受精能力的时间是8~12h，而精子在母猪生殖道内一般能保持10~20h有受精能力。因此，配种要选择在母猪排卵前2~3h进行（图3-3）。母猪排卵集中时间因胎次而不同，青年母猪发情持续时间长，排卵特点是在发情后期；中年母猪，如2~5胎经产母猪繁殖力最强，排卵在发情中期阶段；6胎以上的老龄母猪，往往是发情紧接着排卵。所谓"小配晚，老配早，不老不小配中间"。

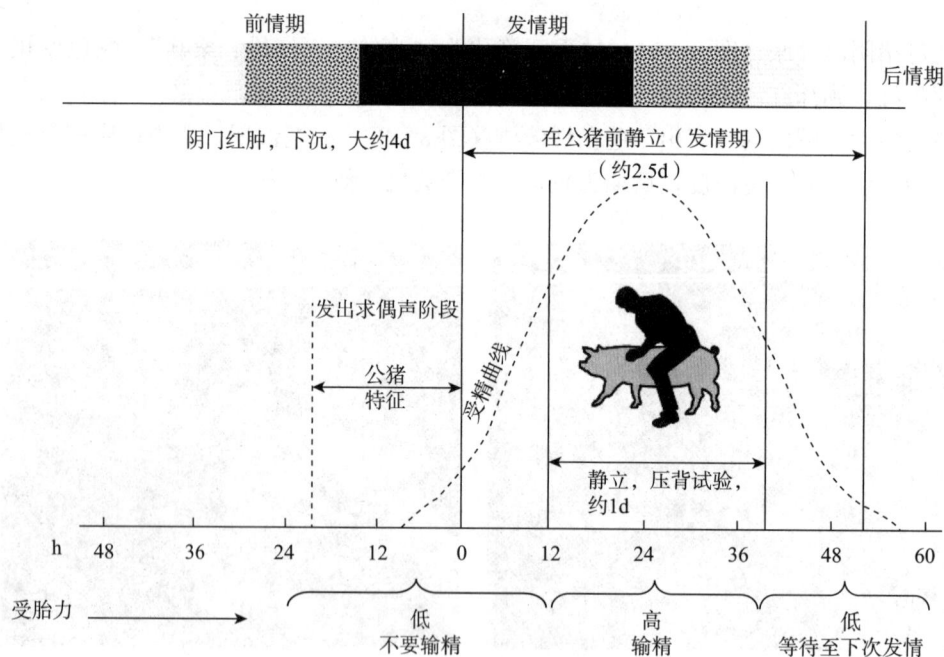

图3-3 输精曲线

（1）外阴变化 生产当中，最佳配种时机外阴应为深红色、水肿消退、出现微皱缩，此时阴门紧闭，并流出少量黏稠黏液，在手指间缓慢拉开可拉成丝，手感极光滑，即所谓"粉红早，黑紫迟，老红正当时"。

（2）阴门黏液 掰开母猪阴门，用手蘸取黏液，无黏度为太早；如有黏度且为浅白色可即时配种；如黏液变为黄白色、黏稠时，则已过了最佳配种时机，这时多数母猪会拒绝配种。

（3）静立反射　以手用力按压母猪背腰和臀部，母猪站立不动，双耳直立，等待接受公猪爬跨，此时可以进行第 1 次配种，8～12h 再进行第 2 次配种，可以提高受胎率。

2. 配种次数

（1）单次配种　即母猪发情时，只用公猪交配或输精 1 次。这种方式能减轻公猪的配种负担，提高公猪利用率，节约成本。但对配种员的发情鉴定技术要求高，一般猪场不建议采用。

（2）复配　在母猪发情期内先后交配或输精 2 次以上，一般在发情开始后 24～36h 交配 1 次，间隔 8～12h 后再配第 2 次。育种猪场多采用这个方式，它可使母猪生殖道内的精子保持较高的活力，增加卵子受精的机会，从而提高母猪的产仔数。

（3）双重配　即在母猪发情期内用 2 头不同的公猪（品种或血缘不同）先后各配种或输精 1 次，间隔 5～10min。双重配种采用两头不同的公猪同时配种，可有效避免某一头公猪精液质量差而降低受胎率的影响，增加了卵子受精的可选择性，从而提高母猪的受胎率和产仔数。但这种方式产出的仔猪亲缘关系不清楚，不能用于生产种猪，只能用于杂种商品猪生产。

第二节　猪的人工授精

猪的人工授精技术就是将公猪的精液人工采出，经过检查、处理和保存，再用器械将精液输入到发情母猪的生殖道适当位置，使母猪正常妊娠的技术。该技术是实现养猪生产现代化的重要手段，具有提高优良种猪利用率、加速猪群的改良、减少公猪饲养数量、克服体格大小差异、减少疾病传播等优点。

一、采精

1. 公猪的调教

对公猪进行人工采精前需要先进行训练，达到"人猪亲和"的效果。采精训练的地点要固定，并要保持环境安静。不同品种品系公猪根据其性成熟月龄而定，一般瘦肉型公猪在 6～7 月龄开始调教比较合适。通常用发情母猪的尿或阴道黏液，或公猪精液和胶状物涂在假台猪的后躯上，训练公猪爬跨。

对于性欲较弱的公猪，可将发情旺盛的母猪赶到假台猪旁，让被调教的公猪爬跨，待公猪性欲达到高潮时把母猪赶走，再引诱公猪爬跨假台猪，或者直接把公猪由母猪身上抬到假台猪上及时采精。

当公猪爬上假台猪后应及时采精，一般经过 3～5 次调教即可成功。调教成功后要连采几天，以巩固建立起的条件反射，待完全以假当真后即可进行正常的采精。调教好的公猪不准再进行本交配种。调教公猪要有耐心，调教室内须保持肃静，注意防止公猪烦躁咬人或与其他猪相互咬架。

2. 采精前的准备

（1）人员准备　采精人员须熟悉猪的人工授精技术，操作前必须将指甲剪短磨光，充分洗涤消毒，用消毒毛巾擦干，然后用75％酒精消毒，待酒精挥发后即可操作。

（2）场地准备　采精室（图3-4）要清扫干净，保持清洁无尘，安静无干扰，地面平坦、不滑。夏季采精宜在早晨进行；冬季寒冷，采精室内温度要保持15℃以上，以防止精液因冷应激或多次重复升降温而降低质量。

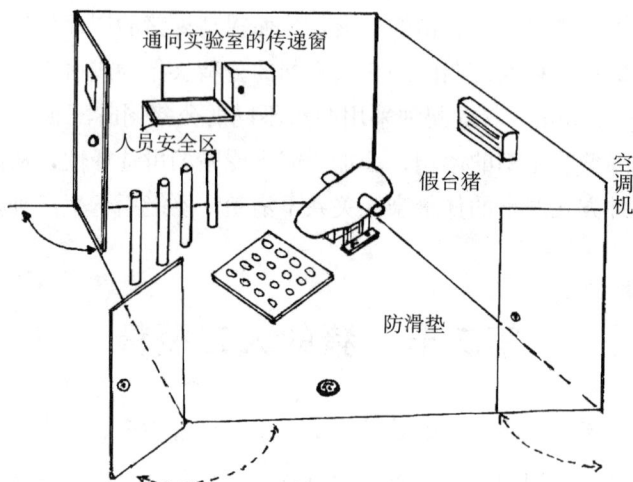

图3-4　采精室布局

（3）用具准备　首先将精液过滤布、擦手毛巾及玻璃器材、采精杯等用肥皂水和碱水洗净，用温开水漂洗干净晾干，然后置于灭菌器中，蒸汽灭菌30min，温度要求达到98℃以上。其中，玻璃器材、橡胶器材和采精用的塑料手套，在临用前还要用酒精棉进行一次涂擦消毒，待酒精充分挥发后使用。

假台猪的后躯部和种公猪的阴茎包皮、腹下等处，用0.1％高锰酸钾擦拭水溶液擦洗干净。

3. 采精操作

猪常用手握法进行采精。采精员蹲在假母猪左后侧，先挤出包皮积尿，待公猪爬跨假母猪阴茎伸出后，立即用一手（手心向下）握住公猪阴茎前端的螺旋部，拇指轻轻顶住并按摩阴茎前端龟头，其他手指一紧一松有节奏地协同动作，促使公猪射精。同时，采精员另一手持紧集精杯，稍微离开阴茎前端接取公猪射出的乳白色精液（公猪开始射出的多为精清，且常混有尿液及脏物，不宜收集），并随时拨除公猪排出的胶状物。公猪射完一次精后，可重复上述手法促使公猪二次射精。一般在一次采精过程中可射精2～3次。待公猪射完精后，采精员顺势将阴茎送入包皮内，把公猪慢慢从假母猪上赶下来，并立即把精液送到处理室。

采精过程中，要随时注意安全，防止公猪突然倒下，踩、压伤采精员。

4. 采精频率

公猪体内精子的再产生与成熟需要一定时间，同时采精也会使公猪的营养和体力大量消耗。因此，采精最好隔天1次，也可以连续采精2d休息1d。青年公猪（1岁以内）和老年公猪（4岁以上）以每3d采精1次为宜。规模公猪站常用5d采精1次。

5. 采精注意事项

（1）采精前最好挤干公猪包皮内的积尿，清洁包皮和阴茎。

（2）手握采精时，工作人员最好戴塑料手套，一方面可防止手指甲抓伤公猪阴茎，另一方面可减少人畜共患病的传播。

（3）公猪射精时，应弃去前面较稀的精清，收集中间乳白色的浓精液。

（4）采精杯套上过滤用纱布或滤纸，使用前纱布要烘干，湿纱布会影响精液的浓度。

（5）整个采精过程中应尽量做到无菌，保证精液不受污染。

二、精液品质检查

1. 主要仪器

显微镜、电子秤、电加热板、载玻片、盖玻片、温度计、血细胞计数板、微量移液器等。

2. 精液的外观检查

精液的感观主要包括颜色、气味。

正常公猪的精液呈浅乳白或浅灰白色，精液乳白程度越深，表明精子数量越多。如果精液色泽异常，表明生殖器官有疾病，精液应弃之不用。若精液呈浅绿色，表明混有脓汁；若呈粉红色，表明混有血液；若呈黄色，表明混有尿液。

正常的精液一般无味或略带腥味。如果精液的腥味很浓，或有臭味和尿味，属不正常精液，应弃之不用。

3. 精液量检查

公猪射精量常因品种、年龄、个体、饲养情况和采精间隔时间的不同而有差异。通常情况下公猪的射精量为150～500mL，可用有刻度的集精杯采精后直接观察或者用电子秤进行称重，以 1g 等于 1mL 换算。

4. 活力检查

精子活力是指呈直线运动的精子在精子总数中所占的百分率。在已于 37℃ 电加热板上预热 3min 的载玻片上滴一滴精液，在放大 150～300 倍显微镜下观察不同层次精子运动情况，估计呈直线运动精子的比例。一般采用 0.1～1.0 的十级评分法进行评定，即在显微镜下观察一个视野内的精子运动，若全部直线运动，则为 1.0 级；有 90% 的精子呈直线运动，则活力为 0.9；有 80% 的精子呈直线运动，则活力为 0.8；依此类推。鲜精液的精子活率以高于 0.7 为正常，若使用稀释后的精液，当活力低于 0.6 时则应弃去不用。

5. 密度检查

精子密度是指每毫升精液中含有精子的数量，通常采用估测法和计算法两种评定方法。

（1）估测法　根据精子之间的距离，大致将精液中精子密度分为稀薄、中等、稠密 3 个等级。两直线运动精子间的距离大于 1 个精子头的长度，判定为稀薄；其距离相当于 1 个精子头长度，判定为中等；精子间的距离小于 1 个精子头的长度，判定为稠密。这种方法主观性强，误差较大，只能进行粗略估计。

（2）计算法　采用血细胞计数板计数一定容积稀释精液中的精子数，再换算成精子密度。该方法最准确，但速度太慢。以稀释 50 倍为例，该方法具体操作步骤如下：①微量移液器取 3% NaCl 溶液 0.98mL，再取具有代表性原精 0.02mL 加入其中混匀；②在细胞计数板上放一盖玻片，取 1 滴稀释后的精液置于计数板的凹槽中，靠虹吸作用将精液吸入计数室内；③在高倍镜下计数四角和中间的 5 个中方格内的精子总数，将该数乘以 5 万，再乘以稀释倍数 100，即得每毫升原精液中的精子数。

6. 畸形率检查

精子畸形率指畸形精子占全部精子的比例。其检查方法如下：用清洁的细玻璃棒蘸取 1 滴精液，点在清洁载玻片上，用另一块载玻片的一端与精液轻轻接触，再以 30°～40° 的角度轻微而均匀地向一方推进制成抹片，再对抹片进行染色和镜检，其程序为涂片、自然干燥、96% 酒精浸泡 3～5min 固定、漂洗、阴干→美蓝溶液浸泡 3～5min 染色、阴干、镜检。

把染色、阴干后的精液涂片放在 600 倍的显微镜下检查，观察精子总数不少于 500 个。计算畸形精子占精子总数的百分率。精子畸形率超过 18% 的精液不能使用。

三、精液稀释

精液稀释的目的是增大精液量，扩大配种数量，提高优秀公猪利用效率。

1. 稀释液的配制

（1）按稀释液的配方（表3-1），用称量纸、电子天平准确称量药品。

（2）按1 000mL、2 000mL剂量称量稀释粉，置于密封袋中。

（3）使用前将称量好的稀释粉溶于定量的双蒸水中，可用磁力搅拌器帮助其溶解。

（4）用滤纸过滤，尽可能除去杂质。

（5）用稀盐酸或氢氧化钠调整稀释液的pH为7.2左右，渗透压在330mOsm/L左右。

（6）稀释液配制好后，静置5min，观察是否合格，发现问题应及时纠正或废弃。

表3-1 公猪精液常用稀释配方

成分	配方1	配方2	配方3	配方4
保存时间/d	3	3	5	5
D-葡萄糖/g	37.15	60.00	11.50	11.50
柠檬酸三钠/g	6.00	3.75	11.65	11.65
EDTA钠盐/g	1.25	3.70	2.35	2.35
碳酸氢钠/g	1.25	1.20	1.75	1.75
青霉素钠/g	0.75	—	—	—
氯化钠/g	0.60	3.0	0.60	—
硫酸链霉素/g	1.00	0.50	1.00	0.50
聚乙烯醇（PVA）/g	—	—	1.00	1.00
三羟甲基氨基甲烷（Tris）/g	—	—	5.50	5.50
柠檬酸/g	—	—	4.10	4.10
半胱氨酸/g	—	—	0.07	0.07
海藻糖/g	—	—	—	1.00
林肯霉素/g	—	—	—	1.00

2. 稀释的方法

①将稀释液的温度调至精液的温度，两者温差不超过1℃；②将稀释液沿盛精液的杯壁缓慢加入到精液中，然后轻轻摇动或用消毒玻璃棒搅拌，使之混匀；③如做高倍稀释，应先进行低倍稀释［1:（1~2）］，稍待片刻后再将余下的稀释液沿壁缓慢加入，以防止造成"稀释打击"；④稀释后要求静置片刻后做精子活力检查，如果精子活力与稀释前相同，即可进行分装与保存。

3. 稀释的倍数

按输精量为60~80mL，含有效精子数30亿个以上确定稀释倍数。稀释后要求静置约 5min 再做精子活力检查，活力在 0.6 以上进行分装与保存。

例如：某头公猪一次采精量为 200mL，活率为 0.7，密度为 3 亿个/mL，则精子的总数为 200mL×3 亿个/mL＝600 亿个，其有效精子数为 600 亿个×0.7＝420 亿个，精子稀释头份为 420 亿/30 亿＝14 份，加入稀释液的量为（14×80mL）－200mL＝920mL。

四、精液的保存和运输

1. 精液的保存

根据实践经验，猪的精液在 17℃ 左右具有最好的存活能力。配制好的精液应置于室温（25℃）1～2h 后，放入 17℃ 的恒温箱内储存；也可将精液瓶用毛巾包严，直接放入 17℃ 恒温箱内。

2. 精液的运输

精液运输过程中的关键是保温、避光、防震。现在多使用车载恒温箱进行精液运输过程中的存放。如果没有恒温箱，需对精液进行短途运输，可将贮精瓶用干净的干毛巾细心地裹好，放入保温桶内运输。

五、输精

输精是人工授精的最后一个技术环节，只有适时准确地将一定量的优质精液输入发情母猪生殖道内的适当部位，才能获得好的受胎率。

1. 输精准备

准备好一次性输精管和滑化剂、消毒用湿毛巾及精液。常温或低温保存的精液，需要升温到 35℃ 左右，镜检活率不低于 0.6，冷冻保存的精液解冻后镜检活率不低于 0.5。输精员的指甲必须剪短磨光，充分洗涤擦干，用 75% 酒精消毒，待酒精挥发后即可进行操作。

2. 输精时间

在实际工作中，常用发情鉴定来判断母猪适宜输精时间。母猪在发情高潮过后的稳定时期，出现静立反射 8～12h，或从发情开始后的第二天输精为宜。如果母猪发情持续期长，输精时间可略微后延，并适当增加输精次数。由于很难准确计算出母猪排卵的时间，对于发情母猪最好采用两次配种的方法，两次输精间隔 8～12h。

3. 输精方法

输精员用 0.1% 高锰酸钾溶液洗净母猪外阴并抹干，一只手打开阴门，另一只手将输精管送入阴道。注意输精管的前 20cm 不要被污染。先向斜上方 45℃ 推进 10cm 左右，再向水平方向插进，边插边捻转，边抽送边推进，待插入 30～40cm（视母猪大小），感到不能再推进时，便可缓慢地注入精液。插入输精管后接上输精瓶，可以微加力将精液压入母猪体内。输精时，如果发现精液送入遇到阻力或者精液倒流严重，可以适当改变输精管的插入深浅或位置；也可以在输精瓶上插个小孔，让精液自动流入，部分母猪甚至不需打小孔，利用母猪子宫内的负压就可以将精液吸入。完成输精后，拍打母猪几下，让母猪收缩身体，减少精液倒流出体外。如果发现精液逆流，可暂停一下，活动输精管，再继续注入精液，直至输完，再慢慢地抽出输精胶管。要避免将输精管错送入膀胱。如果错插入膀胱会有尿液排出，应换管再插入。

输精时经常会有少部分精液倒流。只要输精后 20min 内倒流的精液量少于输精量的50%，就可以视该次输精为成功。也就是说，要确保输入母猪体内的精液量不低于30mL。为了避免或减少输精后精液逆流，在输精过程中可按压母猪腰部，也可在输精结束时突然拉一下母猪的尾巴，或猛拍一下臀部。如果逆流严重，应立即重新输精。输精后的母猪不能急赶，应让其缓缓行走，最好送单圈休息。

第三节　猪的妊娠诊断

母猪早期妊娠诊断是提高母猪繁殖效率和养猪生产效益的重要措施。尽早进行妊娠诊断，可提早发现母猪空怀，增加猪场经济收益。

一、妊娠母猪的变化

1. 乳房变化

妊娠开始后，在孕酮和催乳素的作用下，母猪乳房逐渐变大，更加丰满，特别是到妊娠中后期，这种变化尤为明显。到分娩前几周，乳房明显增大，能挤出少量乳汁。

2. 体重变化

随着胚胎发育，胎水增多，母猪体重增加，皮毛变得光亮。

3. 腹围变化

随着胚胎发育，母猪腹部膨大，腹围增加。

4. 外形变化

妊娠母猪毛色有光泽，眼睛有神、发亮，阴门下联合的裂缝向上收缩形成一条线。

5. 行为变化

母猪妊娠后，食欲增加；行动变得比较稳重、谨慎；排粪、排尿次数增加。

二、早期妊娠诊断技术

1. 常规判断法

根据发情周期加以判断。一般情况下，母猪配种后经过 1 个情期（18～24d），不再发情，就可以初步判断该母猪已妊娠；也可以从母猪外部表现判断，妊娠母猪会出现贪睡、贪食、性情温和、行动小心等行为表现，同时出现皮毛光亮、腹围增大、阴门干燥等体征。

2. 公猪试情法

此法为生产中最常使用的方法。配种后 18～24d，用性欲旺盛的成年公猪试情，若母猪拒绝公猪接近且在公猪 2 次试情后 3～4d 不表现发情，可初步确定母猪妊娠。

但这种方法往往会将假妊娠和乏情母猪误诊为妊娠，也可能使妊娠的假发情母猪流产，从而影响母猪早期妊娠诊断的准确率。

3. 指压判断法

将拇指和食指从母猪第 7～9 腰椎两侧，用由弱渐强的力压至第二腰椎。出现背脊的凹曲，表示未妊娠。不见背脊的凹曲或见拱背，说明已经妊娠。此法适用于检查配种 2 周后的母猪是否妊娠，尤其以检查经产母猪为佳。

4. 超声波诊断法

采用超声波妊娠诊断仪对母猪腹部进行扫描，在妊娠 28d 时有较高的检出率，可直接观察到胎儿的心动。因此，此法不仅可确定妊娠，而且还可确定胎儿的数目，晚期还可以判定胎儿的性别。目前，用于妊娠诊断的超声诊断仪主要有 A 型、B 型和 D 型。

（1）B 型超声诊断仪　可通过探查胎体、胎水、胎心搏动及胎盘等来判断妊娠阶段、胎儿数、胎儿性别及胎儿状态等。具有时间早、速度快、准确率高等优点，但价格昂贵、体积大，适用于大型猪场定期检查。

（2）多普勒超声诊断仪（D 型）　该仪器可通过测定胎儿和母体血流量、胎动等作较早期的诊断。研究认为妊娠 51～60d 准确率可达 100%。

（3）A 型超声诊断仪　这种仪器体积如手电筒大小，操作简便，几秒钟便可得出结果。据报道，其准确率在 75%～80%。母猪配种后，随着妊娠时间的增长，诊断准确率逐渐提高。

三、预产期推算

猪的妊娠期因品种、饲养方法等不同而有所差异，一般为 111～117d，平均为 114d。一般一胎怀仔较多的母猪，妊娠期较短，反之较长；黑色品种猪比白色品种猪妊娠期约长

1d；初产母猪妊娠期有比经产母猪短的倾向。

通常用"三、三、三"法计算母猪的预产期，即母猪配种后妊娠期为3个月加3周再加3d，共114d。

母猪预产期还可用"月加4、日减6"的方法计算。例如，母猪在6月20日配种，那么其预产期应为10月14日。

另外，还可用母猪预产期推算表推算。

第四节　猪的分娩助产

母猪的分娩接产在整个猪生产中起着重要作用，做好接产管理，可以提高猪群整体的生产性能。

一、产前准备

1. 产房准备

接产的目标是保障母猪分娩安全，仔猪全活，重点是保温与消毒，空栏1周后进猪。在产前要空栏彻底清洗，检修产房设备，之后用消毒威、2%氢氧化钠等消毒药连续消毒2次，晾干后备用，第2次消毒最好采用消毒火焰消毒（非塑料设备）或熏蒸消毒。

2. 用具准备

产前应准备好接产用具，如干毛净、细线、剪牙钳、断尾钳、秤、照明用灯等，冬季还应准备仔猪保温箱、红外线灯或电热板灯；药品应准备5%碘酒、2%~5%来苏儿、催产药品和25%葡萄糖（急救仔猪用）等。

3. 待产母猪准备

产前2周，对母猪进行检查，若有虱子等体外寄生虫，则应及时驱虫消毒，以免产后传染给仔猪。产前1周将妊娠母猪赶入产房，以适应新环境。进产房前应对猪体进行清洁消毒，用温水擦洗腹部、乳房及外阴部，然后用2%~5%来苏儿消毒，做到全身洗浴消毒效果更佳。同时要注意减少母猪对产栏的污染。

4. 接产人员准备

产房应有饲养员昼夜值班，密切注意，仔细观察母猪的产前征兆变化，做好随时接产准备。接产人员应剪短指甲、磨光，不戴戒指、手镯等首饰，消毒双手，准备接产。

5. 母猪分娩预兆

产前15~20d乳房膨大，呈两条带状隆起，皮肤发红、发亮，乳头呈"八"字形外展。产前 3～5d，阴唇红肿，尾根两侧下陷。临产母猪叼草絮窝。产前 1h，躺卧，四肢伸直。当母猪阴户流出白色或混有血液的稀薄液体（羊水）时，说明分娩马上开始。

二、接产

1. 分娩时间

母猪分娩的持续时间为 30min 至 6h，平均为 2.5h，平均出生时间间隔为 15～20min。产仔间隔越长，仔猪就越弱，死亡的危险性越大。母猪分娩时一般不需要帮助，但出现烦躁、极度紧张、产仔时间间隔超过 45min 等情况时，就要考虑人工助产。

2. 接产步骤

（1）擦黏液　一般母猪在破水 30min 内即会产出第一头仔猪。仔猪出生后，应立即将其口鼻黏液掏除，并用清洁抹布将口鼻和全身的黏液抹干，涂上爽身粉，以利仔猪呼吸和减少体表水分蒸发，防止发生感冒。个别仔猪在出生后胎衣仍未破裂，应立即撕破胎衣，避免发生窒息死亡。

（2）断脐　仔猪离开母体时，一般脐带会自行扯断，但仍留有 20～40cm 长，应及时进行人工断脐。先将脐带内的血液向仔猪腹部方向挤压，然后在距离腹部 4cm 处（手掌横过来的宽度）将脐带剪断，再离断点 1～2cm 处用消毒过的棉线扎紧，断处再用碘酒消毒。若断脐时流血过多，可用手指捏住断头 3～5min，直到不出血为止。留在仔猪腹壁上的脐带经 3～4d 即会干枯脱落。

（3）及时吃上初乳　应在仔猪出生后 10～20min 内，将其带到母猪乳房处，协助其找到乳头，吸上乳汁，以补充营养物质和增强抗病力，同时又可加快母猪的产仔速度。

（4）保温　将仔猪置于保温箱内（冬季尤为重要），箱内温度控制在 32～35℃。

（5）做好产仔记录　种猪场应在产仔 24h 之内进行个体称重。

（6）及时清理　产仔结束后，应及时将产床或产圈打扫干净，特别是要随时清理母猪排出的血水、胎衣等污物，保持产房干净，以避免发生疾病及母猪吃胎衣养成吃仔猪的恶癖。用消毒水擦洗母猪臀部的血水，减少细菌繁殖，避免仔猪舔咬后感染。

三、急救假死仔猪

仔猪出生后全身发软，张口抽气，甚至停止呼吸，但心脏仍然在跳动，用手指轻压脐带根部感觉仍在跳动的仔猪称为假死仔猪。

1. 造成仔猪假死的原因

（1）仔猪在产道内停留的时间过长，吸进产道内的羊水或黏液，造成窒息。
仔猪在母猪产道内停留时间过长的原因是母猪年老体弱或母猪长期不运动，腹肌无力，分娩无力。

（2）胎儿过大并卡在产道的某一部位，母猪产道狭窄等。

（3）冬天没有保温设施，导致分娩舍温度过低，仔猪等离开母猪产道后受到冷应激导致假死。

2. 假死仔猪抢救方法

（1）人工呼吸法　此方法最为简便，即饲养员把仔猪放在麻袋或垫草上，仔猪的四肢朝上，一手托着肩部，另一手托着臀部，然后一屈一伸反复进行人工呼吸，直到仔猪叫出声为止。

（2）呼吸法　即向假死仔猪鼻内或嘴内用力吹气，促其呼吸。

（3）拍胸拍背法　即提起两后腿，头朝下，用手拍胸拍背，促其呼吸。

（4）药物刺激或针刺法　即在鼻部涂酒精等刺激物或针刺的方法，促其呼吸。

（5）捋脐法　具体操作方法是：尽快擦净胎儿口鼻内的黏液，将头部稍高置于软垫草上，在脐带2～3cm处剪断；术者一手捏紧脐带末端，另一手自脐带末端捋动，每秒1次，反复进行，不得间断，直至救活。一般情况下，捋30次时假死仔猪会出现深呼吸，40次时仔猪发出叫声，60次左右仔猪可正常呼吸。特殊情况下，要捋脐120次左右，可将假死仔猪救活。

不管采用哪种方法，在急救前必须先把口、鼻内的黏液或羊水用手捋出并擦干，再进行急救，而且急救速度要快。

四、难产母猪助产

难产可能发生在临产刚刚开始时，也可能发生在分娩过程中。难产会导致母猪产程过长，仔猪的活力减弱，发生早期死亡的风险加大，因此对难产母猪及时助产非常重要。

1. 分析母猪难产原因

难产在猪生产中较为常见，一般是由于母猪骨盆发育不全、产道狭窄、子宫收缩迟缓、胎位异常、胎儿过大或死胎引致分娩时间拖长所致，如不及时处置，可能造成母仔死亡。

（1）母猪过肥可造成产道狭窄，过瘦则体弱分娩无力。

（2）妊娠期母猪营养过度，造成胎儿过大；近亲繁殖，使胎儿畸形。

（3）妊娠期由于缺乏运动，造成胎位不正。

（4）产仔时，人多杂乱，其他动物如犬、猫进入猪圈，使母猪精神紧张。

（5）母猪因先天性发育不良，或配种过早而发育不良，曾经开过刀有伤疤等情况，造成产道狭窄。

（6）母猪年老体衰，子宫收缩力弱，以及患其他病，致使母猪体弱而分娩无力。

2. 难产的判断

（1）超过预产期3～5d，仍无临产征状的母猪。

（2）如果母猪有发现胎衣破裂、羊水流出及母猪强烈努责等产仔征状，但1~2h后仍然没产仔。

（3）母猪产出1~2头仔猪后，仔猪体表已干燥且活泼，而间隔60min内仍不见后一仔猪出生，也没有胎衣排除，可以判断母猪难产。

3. 人工助产技术

（1）有难产史的母猪临产前1d肌内注射律胎素或氯前列烯醇。

（2）临产母猪子宫收缩无力或产仔间隔超过30min者可注射缩宫素，但要注意在子宫颈口张开时使用（即在至少产仔1头后使用）。

（3）人工助产时，先将指甲磨光，取下戒指等尖锐物件。先用肥皂水洗净手及手臂，再用2%来苏儿或0.1%高锰酸钾水将手及手臂消毒，戴上长臂手套，涂上凡士林或油类等润滑剂。然后将手指捏成雏形，随着子宫收缩节律慢慢伸入，触及胎儿后，根据胎儿进入产道部位，抓住仔猪的两后腿或下颌部将仔猪拉出。若出现胎儿横位，应将头部推回子宫，捉住两后肢缓缓将其拉出；若胎儿过大，母猪盆骨狭窄，拉仔猪时，一要与母猪努责同步，二要摇动仔猪慢慢拉动。拉出仔猪后应帮助仔猪呼吸。助产过程中，动作必须轻缓，注意不可伤及产道、子宫，待胎儿胎盘全部产出后，于产道局部抹上青霉素粉，或灌注青霉素，以防发生子宫炎、阴道炎。考虑到公共卫生安全，助产人员最好先戴上专用助产手套后，经润滑处理再伸入产道进行助产。

04 第四章

种猪的选择

种猪担负着整个猪群的生产任务，优秀的种猪能够最大化成就经济效益。种猪，顾名思义，就是用来繁殖下一代的猪，种猪分种公猪、种母猪两种，有些猪场会选择一些品种优良的商品猪作为后备种猪。引种和自繁自育是猪场补充猪群的主要办法。后备母猪大约占整个猪群的 19.1%。

第一节　种猪选择标准

高繁殖力的猪，表现在：公猪射精量符合标准，总精子数目多，质量好，性欲强，利用年限长，体型大，后代生产性能好；母猪体型匀称，发情正常，利用年限长，常年发情，而且是多胎高产。

一、种公猪的选择标准

饲养种公猪的目的是配种，以获得数量多、品质好的仔猪。1 头种公猪在本交情况下承担 20～30 头母猪的配种任务，1 年可繁殖仔猪 400～500 头；如采用人工授精，1 年可配母猪 500～1 000 头，繁殖仔猪万头以上，同时对其后代的生长速度、饲料转化率、体质外形等有益性状的影响很大。因此种公猪的引进与选择，在生产实际中至关重要。"母猪好，好一窝，公猪好，好一坡"的说法就是这个道理。

1. 生产性能

种公猪的生产性能代表着其种用质量，因此对种公猪的生产性能具有较高的要求。乳种猪的生长速度、饲料转化率和背膘厚度等都应具有中等到高等的遗传力（图 4 - 1）。

2. 系谱选择

系谱选择即利用系谱资料进行选择，主要是根据亲代、同胞、后裔的生产成绩来衡量被选择公猪的性能，是最重要的选择方式之一。具有优良性能的个体，在后代中能够表现出良好的遗传素质。系谱选择要求种猪来自良种猪场，具备完整的记录档案，根据记录分析各性状逐代传递的趋向，选择综合评价指数最优的个体留作后备公猪。

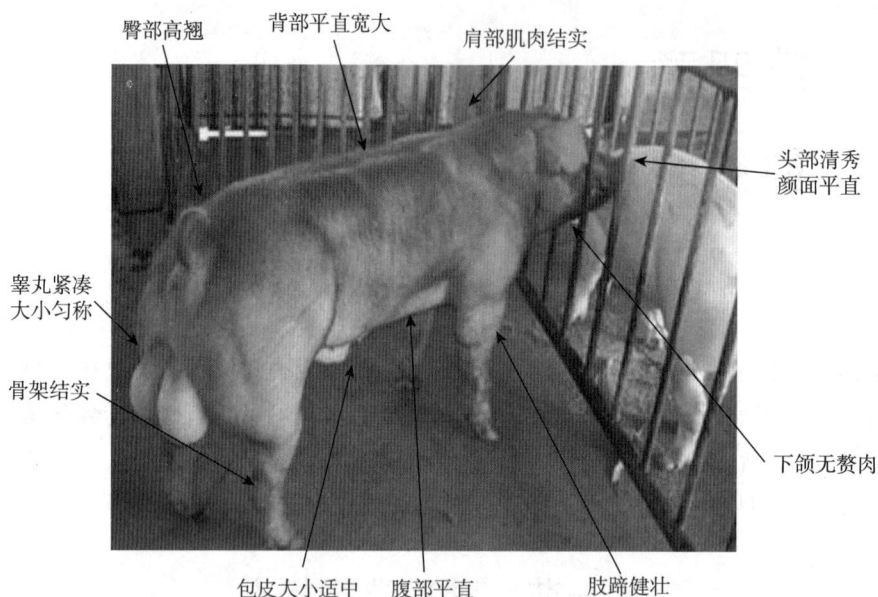

图 4-1　高性能指数的公猪

3. 个体生长发育情况

根据种猪个体生长发育情况进行选择，是根据种公猪本身的体重、体尺发育情况，测定分析种公猪不同阶段的体重、体尺变化速度，在同等条件下选育的个体，体重、体尺的成绩越高，种公猪的等级越高。对于幼龄小公猪，生长发育是重要的选择依据之一。生长育肥性能要求生长快，一般瘦肉型公猪体重达 100kg 的日龄在 170d 以内。饲料转化率高，生长育肥期每千克增重的耗料量在 2.8kg 以下；背膘薄，100kg 体重测量时，倒数第三到第四肋骨离背中线 6cm 处的超声波背膘厚在 15mm 以下。

生长速度、饲料利用率和背膘厚这 3 个主要性状的选择标准因品种不同而异，但至少应达到该品种的标准。可用达 100kg 体重的日龄和背膘厚两个性状构成一个综合育种值，根据该值进行选择。

4. 品种特征

不同的品种，具有不同的特征。所选的种公猪首先必须具备典型的品种特征，如毛色、头型、耳型、体型外貌等，必须符合本品种的种用要求，尤其是纯种公猪（图 4-2）。应选育生长速度快、饲料利用率高、胴体品质好的优良公猪，最好是选择外来品种如杜洛克猪、长白猪、大中型约克夏猪的后代作为种公猪。

5. 体躯结构

种公猪的整体结构要匀称，头颈、前躯、中躯和后躯结合自然、良好，眼观非常结实

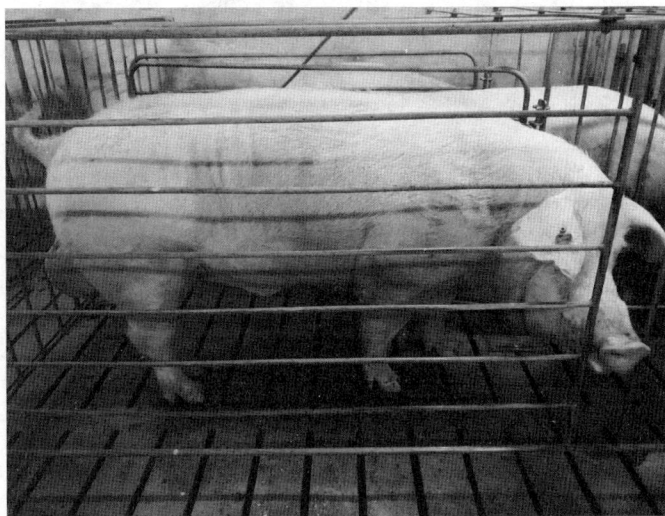

图 4-2　种公猪

（图 4-2）。头大而宽，颈短而粗，眼睛有神，胸部宽而深，背平直，身腰长，腹部大小适中，臀部宽而大，尾根粗，尾尖卷曲，摇摆自如而不下垂，四肢强壮，姿势端正，蹄趾粗壮、对称，无跛蹄。

有严重的弓形背和直腿，是不理想的肢结构；背部水平的肢结构才是理想型的（图 4-3）。

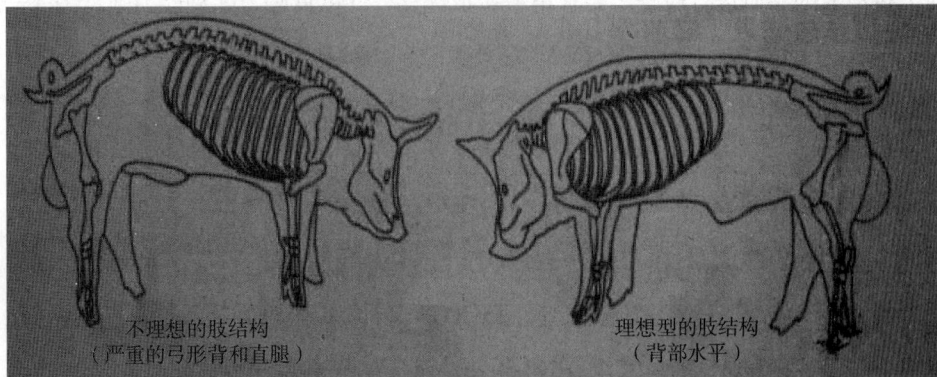

不理想的肢结构
（严重的弓形背和直腿）

理想型的肢结构
（背部水平）

图 4-3　体躯结构

（引自杨公社，《猪生产学》）

6. 性特征

种公猪要求睾丸发育良好（图 4-4）、对称，轮廓清晰，无单睾、隐睾、赫尔尼亚，包皮积尿不明显。性机能旺盛，性行为正常，精液品质良好。腹底线分布明确。乳排列整齐，发育良好，无翻转乳头和副乳头，且具有乳头 6～7 对或以上。

种公猪除了睾丸、乳房等发育正常外，还应具有正常的性行为，包括性成熟行为，求偶

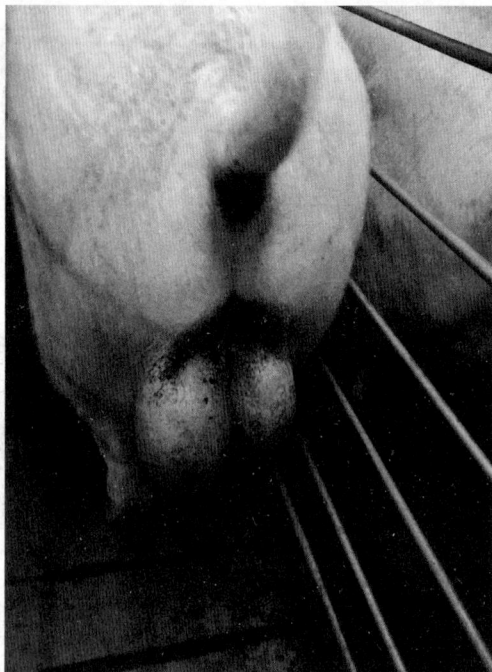

图 4-4　睾丸发育良好

行为，交配行为，而且性欲要旺盛。繁殖性能要求生殖器官发育正常，有缺陷的公猪要淘汰；对公猪精液的品质进行检查，要求精液质量优良，性欲良好，配种能力强（图 4-5）。

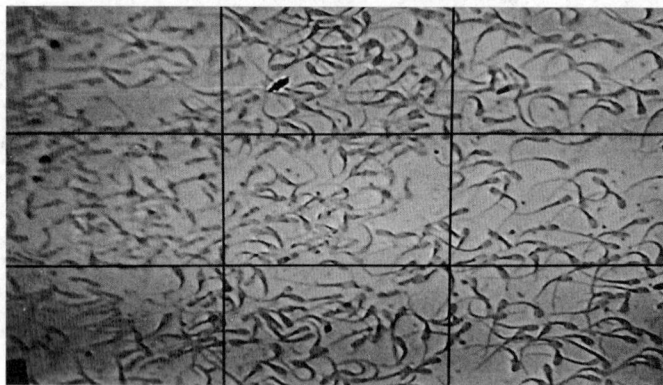

图 4-5　精子质量优良检测

二、种母猪的选择标准

种母猪的繁殖性能直接影响着整个猪群的生产效益，其利用年限和繁殖效率直接或间接影响着规模化猪场的生产效益。高质量且利用年限长的母猪是猪场实现可持续发展的基础。

重视母猪的选择，才能发挥优质母猪的遗传潜力，提高猪群的养殖效益。饲养种母猪的目的是繁殖，以获得数量较多的仔猪，1 头种母猪在正常情况下 1 年能提供 20 头以上肥猪。同时不同的母猪对其后代的生长速度、饲料报酬、体质外形等有益性状的影响很大。因此，在种母猪的选择和后备猪的选育方面同样需要重视。

1. 生产性能

猪的繁殖性状包括产仔数、初生重、断奶仔猪数、21日龄窝重（泌乳力）、产仔间隔和初产日龄等。衡量母猪的生产性能包括死胎率、木乃伊率、弱仔率、活仔成活率、健仔成活率、21日龄断奶重、断奶掉膘情况、断奶发情率等（表4-1）。后备母猪在第2~3情期配种，配种时间约为240日龄，头胎分娩时间约为350日龄，达到体成熟和性成熟。

表4-1 衡量母猪生产性能的参考指标

项目	死胎率	木乃伊率	弱仔率	畸形率
标准	≤5%（鲜死3.5%，陈死1.5%）	≤1%	≤3%	≤1%
项目	活仔成活率	健仔成活率	21d平均断奶重	21d个体断奶重
标准	≥93%	≥97%	≥6.5kg	≥4.5kg
项目	正品率	断奶背膘厚	母猪哺乳期体重损失	断奶发情率
标准	≥99%	≥13mm	≤7%	≥85%

注：该标准为猪场中关注较多和评价较多的项目，其数据为参考标准，可根据具体情况进行调整。

2. 系谱资料

系谱选择是种猪最重要的选择标准，利用系谱资料进行选择，主要是根据亲代、同胞、后裔的生产成绩来衡量被选择母猪的生产性能。具有优良性能的个体，在后代中能够表现出良好的遗传素质和生产效益。系谱选择必须具备完整的记录档案，来自良种猪场，根据记录分析各性状逐代传递的趋向，选择综合评价指数最优的个体留作后备母猪。

3. 个体生长发育

生长性状主要是生长速度、活体背膘厚和饲料转化率，近年来对猪的采食量日益重视起来。

（1）生长速度 通常用测定期间的平均日增重或达到一定目标体重（100kg）的日龄来表示，该标准可以很好地检测猪只的生产速度和生长周期，也可以很好地体现后代的生产育肥性能。例如，长白猪148日龄体重达到90kg，大约克夏猪150日龄体重达到90kg。也可以根据猪场的实际需要，适当放宽要求，例如，147~155日龄内体重达到90kg均可。但是超过170日龄体重才达到90kg的一定不能选择。

（2）活体背膘厚 测定母猪100kg体重日龄时，同时测定100kg体重活体背膘厚。采用B超扫描测定倒数第3~4肋间处离背中线5cm处的背膘厚，以毫米（mm）为单位。采用A超测定胸腰结合部、腰荐结合部沿背中线左侧5cm处的两点膘厚平均值。后备母猪应合理控制体重，不宜过肥，也不宜过瘦，过肥和过瘦都会影响后备母猪的发情和生殖系统的成熟。

（3）饲料转化率 即母猪体重达到30～100kg阶段每单位增重所消耗的饲料量。料重比一般为2.7～2.8。

（4）采食量 在不限饲条件下，猪的平均日采食量代表其采食能力，是近年来猪育种方案中日益受到重视的性状。这关系到母猪后备、妊娠阶段以及分娩后的采食量，同样也关系到每日饲喂次数及分娩后母猪泌乳能力及掉膘情况。

4. 品种特征

不同的品种间具有明显的品种特征，同时也表现出不同的性能特征。现举例如下：

（1）大约克夏猪 体格大，体型匀称，耳直立，鼻直，四肢较长（图4-6）。

图4-6 大约克夏猪

（2）长白猪 头小清秀，颜面平直，耳向前倾、平伸、略下耷，体躯前窄后宽、呈流线型，大腿、后躯肌肉丰满（图4-7）。

图4-7 长白猪

5. 体躯结构

（1）看体躯结构 体躯结构是重要的品种特征评价标准，也是表观评价的依据。母猪表现严重的弓形背和直腿，是不理想的肢结构；水平背部的肢结构才是理想型的。从后备母猪的背膘厚度来看，母猪达到90kg测第10肋骨处背膘厚度：背膘厚度10mm以下的，母猪繁殖能力差；背膘厚度15～20mm为宜；背膘厚度30mm以上的，饲料利用率低，对环境适应能力差。

（2）看有效乳头数　后备母猪有效乳头应在7对以上（瘦肉型种猪6对以上），排列整齐，间距适中，分布均匀，无遗传缺陷，无瞎乳头和副乳头（图4-8）。

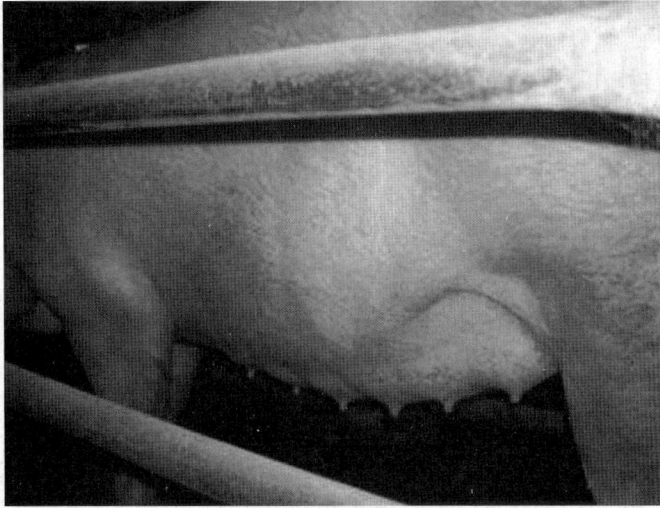

图4-8　排列整齐的乳头

（3）看脚趾的发育与分岔情况（图4-9至图4-10）。

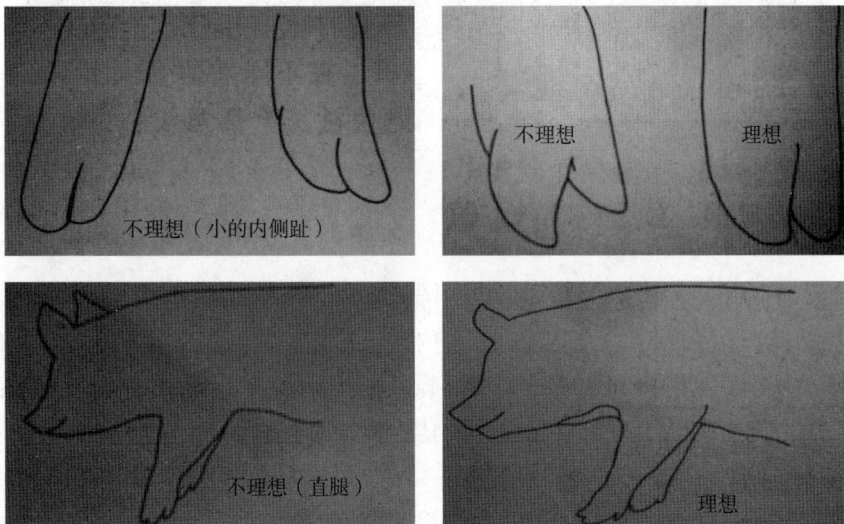

图4-9　脚趾与前腿发育情况

（引自杨公社，《猪生产学》）

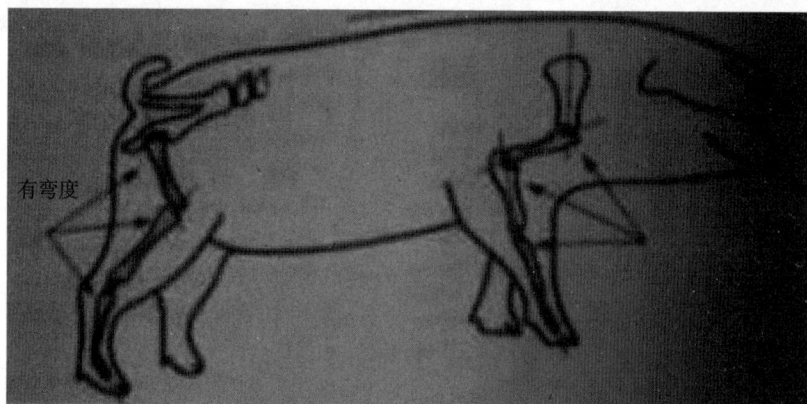

图4-10　后腿腓节有弯度，这种类型的后备母猪较好

（引自杨公社，《猪生产学》）

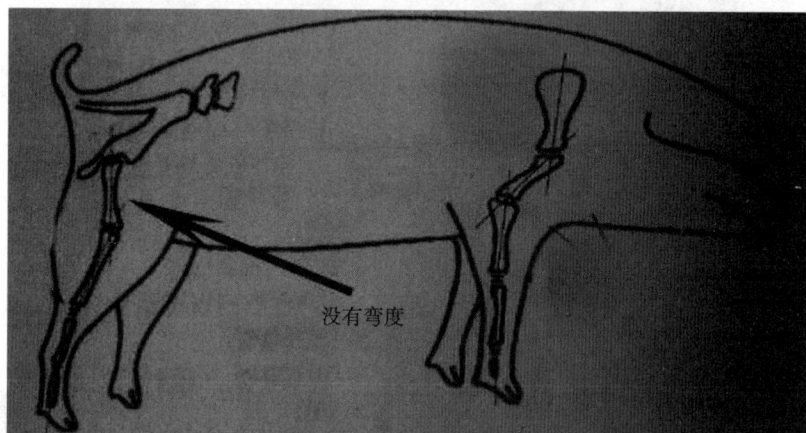

图4-11　后腿腓节没有弯度，不建议挑选这种类型的后备母猪

（引自杨公社，《猪生产学》）

6. 性特征

母猪的生殖器官主要由以下器官组成（图4-12、图4-13、表4-2）：①卵巢；②内生殖道，包括输卵管、子宫、阴道，也称为内生殖器官；③外生殖器官，是母猪的交配器官，包括尿生殖前庭、阴唇和阴蒂；④副性腺，主要指位于母猪子宫颈以及阴道的一些腺体，这些腺体在某种特定生理条件下，如发情、分娩时分泌黏液，润滑生殖道，在生产过程中具有重要作用。

后备母猪选种时，生殖系统的发育完成程度是第一影响因素，也是必须考虑的第一因素。其主要评估要点：①生殖器官明显且完整；②生殖系统发育完全，不存在闭锁、畸形等情况；③后备期间无炎症等。

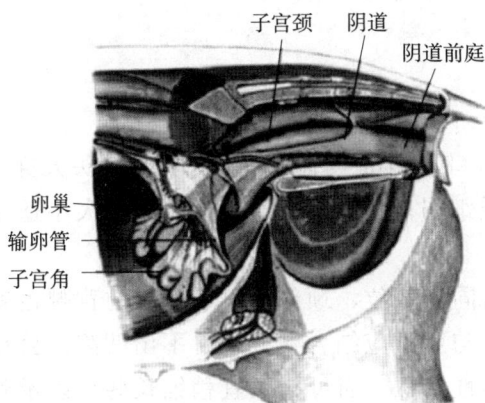

图 4 - 12　母猪生殖器官形态

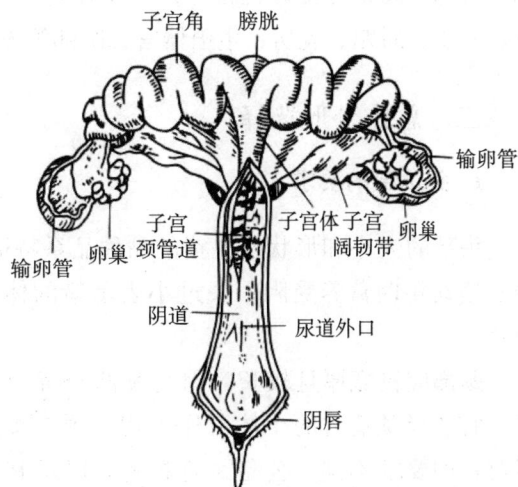

图 4 - 13　母猪生殖器官组成示意图

表 4 - 2　母猪生殖器官组成及功能

母猪生殖系统		卵巢	具有产生卵细胞和分泌雌性激素的功能
	内生殖道	输卵管	具有运输卵细胞的作用，也是受精的场所
		子宫	孕育胎儿的器官
		阴道	交配器官，胎儿产出的通道
	外生殖器官	尿生殖前庭	生殖道和尿道共同的管道
		阴门	一般指外阴，即雌性外生殖器官，指雌性生殖器官的外露部分
		阴蒂	指雌性生殖器官的一部分，主要由勃起组织而成
	副性腺		子宫颈及阴道的腺体，具有润滑生殖道作用

第二节　后备种猪的选择

后备猪作为猪场更新换代的"源泉"，要求符合本品种遗传特征，具备后备猪的选留标准。一般要经过层层筛选，才能达到入群标准。

一、后备种猪选种的基本要求

种猪的体型外貌必须符合本品种特征。种猪必须健康，无遗传缺陷。凡患有萎缩性鼻炎、口蹄疫、猪瘟、猪繁殖与呼吸道综合征、伪狂犬病、细小病毒病、气喘病等严重疾病，以及后裔患有隐睾、单睾、赫尔尼亚、锁肛、骨骼畸形等遗传疾病的均不予选留（有些疾病需要通过实验室化验才能确定）。

一般外貌的要求，也就是说对一头种猪的总体印象，需品种特征明显，整体结构匀称；各部位间结合良好且自然；体质强健，性征表现明显，符合种用要求，从头部、前躯、中躯、后躯、乳房、生殖器官、蹄部等方面进行选留。

二、总体外形选择

1. 头颈部的要求

头部的大小和形状反映猪的品种品系特征，其大小应与体躯的大小相符，头大身小表示猪幼年期营养受阻；头过小表示猪的体质细弱；头大则屠宰率低，故头大小适中为宜。

颈部应较宽厚且较长，因为颈部与背腰是同源部位，颈部宽时，个体的背腰也就宽。宜选择颈清秀的个体留作种用。颈与头及与躯干应结合良好，看不出凹陷。公母猪对颈的要求不同：公猪颈宜粗短，以示其雄性特征；而母猪颈宜稍细长些，以示其雌性特征。

鼻要求鼻孔大而圆。嘴筒宜较长且微凹，口岔要深，以利于大口采食。眼睛总体要求目光明亮、灵活且有神。

眼神与健康和性情有关，眼睛是否有神是身体健康与否的标志。耳的大小和形状与猪的品种有关，一般要求薄且耳根稍硬为好（表4-3）。

表4-3　头部选择标准

部位	要求
上下颌	吻合良好
面部	无变形
鼻	无变形、鼻镜干净
眼睛	明亮无红肿
眼角	无泪斑
耳部	无感染、皱褶，品种特征明显

2. 前躯部的要求

肩部要求宽而平，肩胛骨角度适中，肩胛丰满，肩与颈结合良好，平滑而不露痕迹。鬐甲要求宽平。因为鬐甲宽平，则背腰也就宽平。鬐甲与肩结合良好，没有凹陷，两肩胛之间也无凹陷。

胸部要宽、深和开阔（表4-4）。

表4-4　背部选择标准

项目	要求
皮毛	光亮、皮毛无斑点
膘情	适中

（续）

项目	要求
腰背	肌肉丰满
背型	平直无凹陷

3. 中躯部的要求

背要求宽、平、直且长。前与肩、后与背的衔接要好，没有凹陷或凸出。

腰宜宽、平、直且强壮，长度适中，肌肉充实。前与背、后与臀的衔接要不露痕迹，等宽等平，丰满坚实等。

胸侧要宽平、强壮、长而深，外观平整、平滑。肋骨开张而圆弓，外形无皱纹。

腹容积要大，不下垂也不卷缩，与胸骨结合良好，没有凹陷（表4-5）。

表4-5 腹部选择标准

项目	要求
分布	分布均匀
长度	大小适中
完整度	发育好、无外伤

4. 后躯部的要求

种猪腿部状况是影响种猪使用年限的重要因素，出售的种猪应腿部结构正常且坚实有力。有以下几种典型问题之一的不可作为种猪出售。

（1）前腿弯曲　由于前腿弯曲或脚扁平，猪走路时表现出"翻转"的趋势。

（2）后腿弱，无力　后腿走姿呈外"八"字，通常有较大腿臀的猪走路摇晃，且容易滑倒，妊娠后期及哺乳期容易瘫痪，同时趾蹄容易不堪体重而加剧肢体病。

（3）走路姿态僵硬、僵直　通常是前腿有问题造成的。

（4）结节　腿部结节有下列情况的应予以淘汰：①结节中明显有积液，表明已被感染；②结节发炎或红肿；③结节过大或外观难看；④结节上有空洞。

（5）脓包　通常出现在前腿中。脓包柔软、红肿、形状比葡萄大时，应予淘汰。

（6）内侧小脚趾　尤其给后脚带来不便，猪走路时摇晃及其他方面的问题一般是由脚趾参差不齐引起的。

（7）前蹄悬垂　若前腿与蹄部结合不紧密，或出现塌蹄、悬蹄现象时应予淘汰。

臀部要宽、长而平，可稍微倾斜，肌肉丰满。后腿要求厚、宽、长、圆，肌肉丰满到飞节上部没有凹陷。尾根要粗，向下渐小，末端卧着一束毛表示发育良好。尾巴长短因品种不同而有不同的要求，一般不宜过飞节。

5. 乳房和生殖器官的要求

母猪应该有发育良好的乳房，乳头基部膨大如莲蓬状。公猪和母猪的有效乳头不得少于 12 个，无假乳头、瞎乳头、副乳头或凹乳头。

生殖器官作为种猪种用的一大特征，其中外生殖器官是种猪的主要性征，要求公猪和母猪的外生殖器官都发育正常，性征表现良好，否则不能留种。

公猪：睾丸大小一致、外露、轮廓鲜明且左右对称。单睾、隐睾、疝气、大小不匀、高度不等和包皮有明显积尿均不可留作种用。

母猪：①阴户发育良好，阴户不应向上翘，过小的外阴常表明母猪可能内分泌功能不强，严重时造成繁殖障碍。②选留过程仔细检查猪只的阴户，确保其有 2 个开口，避免无肛门现象，有些猪只的肛门找不到，能看到猪只从阴户排大便，应予以淘汰。③避免雌雄同体的现象，有时很难发现，一般是阴户向上翻起，腹下长一个小鞘，如果检查阴户内部，能同时发现一个小阴茎，应予以淘汰。④淘汰阴户过小的猪只，否则分娩时容易造成阴户撕裂、水肿及难产等现象。⑤淘汰阴户破损的猪只，虽然这种情况较少发生，但也应密切注意。阴户破损通常是阴户全部或部分被磨掉，会影响正常交配，应予以淘汰。若只磨掉一小部分通常无太大问题（表 4-6）。

表 4-6　后躯及乳房、生殖器官选择标准

项目	要求
乳头	脐前有效乳头不少于 6 对
包皮	公猪无严重的包皮积尿
尾长	刚好盖过阴户
尾部完整度	无感染
肛门状态	无锁肛、无脱肛
阴户大小	发育良好、大小适中，不低于尾根横切面的 2/3
阴户形态	无上翘
阴户完整度	外阴无损伤
性别	非雌雄同体
睾丸	公猪睾丸发育正常、左右对称（左右睾丸高差不超过睾丸的 1/3）

第五章

猪场建设与环境控制

第一节　猪场选址规划

一、猪场的选址

猪场是猪集中饲养的场所，猪场场址及其规划与设计直接关系到猪群疫病防控、生产管理以及猪场的生产效益。因此，在场址的选择上，应根据猪场的性质、规模和生产任务，充分考虑场地的地形地势、水资源、土壤、当地的气候等自然条件，同时应考虑交通运输，饲料供应，电力，产品销售，与周边工厂、居民点及其他畜禽养殖场的距离，当地农业生产布局，猪场粪污处理能力等社会条件，进行全面调查、综合分析后确定，做到技术上可行、经济上合理。

1. 土地选择

猪场用地本着节约、不占耕地的原则，选择符合土地利用发展规划和满足建设工程需要条件的场址，不选择法律法规规定的禁养区建场。

2. 地形地势

猪场的地形要求开阔整齐，地形狭长或多边角都不便于场地规划和建筑物布局。地势要求较高、干燥、平坦、背风向阳并稍有缓坡，坡度最高不超过25°（图5-1）。

3. 场址面积

猪场生产区面积可按每头繁殖母猪 45～50m² 或每头出栏商品育肥猪 3～4m² 考虑，猪场的生活区、生产管理区、隔离区要另行考虑，并预留有发展的空间。年出栏万头的规模猪场占地面积不应少于 4 万 m²。目前，用地压力过大，在土地面积有限、有效用地面积不充足的情况下可以考虑采用楼房养殖模式，但楼房养殖的层数要符合当地的规划要求。

4. 水源

猪场水源要求水量充足，水质良好，便于取用和进行卫生防护，并易于净化和消毒。

图 5-1 某新建猪场

地面水、江、河、湖、水库、塘不能作为猪场的水源，猪的饮水应符合《畜禽饮用水水质标准》（NY 5027—2001）要求。水源水量必须满足场内的生活用水、猪饮水以及饲养管理用水的要求。如1个万头猪场的每日用水量达150～250t。猪参考用水量见表5-1，这些参数供选择水源时参考。

表 5-1 各类猪每天每头的总需水量和饮用水量（L）

(引自杨公社，《猪生产学》，2002)

阶段	种公猪	空怀及妊娠母猪	哺乳母猪	断奶仔猪	生长猪	育肥猪
总需水量	40	40	75	5	15	25
饮用水量	10	12	20	2	6	6

5. 土壤特性

猪场土壤要求透气性好，易渗水，热容量大，未受到病原的污染等，最好为沙质土壤。在场址选择时，应避免在旧猪场或其他畜禽养殖场的场址上重建或改建，注意地方疾病和疫情的调查。

6. 电力和能源供应

现代化猪场都配备成套的机电设备，包括环境温度控制、通风、饲料加工和运输、饮水供应、清洁消毒等设备，再加上生活用电，每天的耗电量较大。一旦出现停电，猪舍中的环境温度和有害气体的含量会迅速升高，这对猪的健康是非常不利的。所以猪场应自备小型的发电机组（图5-2），自备电源的供电容量不低于全场用电负荷的1/4，以保障停电时猪场的电力供应，避免因停电造成巨大损失。

单靠电力供应维持猪场的设备运转会导致猪场的成本增加，可以考虑自建天然气储罐，猪场根据当地气候在产仔舍和保育舍配备燃气加热器；或者采用太阳能发电。

图 5-2　发电机组

7. 交通条件

猪场的饲料、产品、粪污以及废弃物等的运输量很大，只有交通便利才能保证饲料的供应、产品的销售以及粪污和废弃物的处理，从而降低运输成本和对周围环境的污染。但是猪场离公共交通道路越近，周边公共道路交叉越多，生物安全风险就越大。

8. 防疫条件和环保

为避免疫病传播和相互污染，在高标准的生物安全需求下，养猪场应远离居民区、兽医机构、畜禽养殖场、屠宰场、交通干线等。与城镇居民点的距离应不少于 2 000m，与交通主干线的距离不少于 1 000m，与大型养殖场、屠宰场的距离应不少于 3 000m。另外根据当地常年的主导风向，猪场应位于居民点的下风向和地势较低处，以及工厂的上风向。避免在畜禽疫病多发区和环境公害污染严重地区建场。

禁止在旅游区、自然保护区、古建筑保护区、生活用水水源保护区、风景名胜区、城镇居民区、文化和科学研究等人口集中区域建设猪场。

二、猪场规划与布局

猪场选址确定后，根据防疫优先、方便生产管理、节约用地、改善场区小气候等原则，综合考虑当地的气候、常年风向、地形地势、猪舍建筑物和设备大小及功能关系，规划猪场各个功能区的分布及猪舍建筑物的朝向，全场的道路、排水系统、防火间距以及场区绿化等，以满足生产规模、工艺流程、卫生防疫、环保、消防、安全等具体要求，为安全生猪生产和管理创造一个生产、生活方便，有利卫生与防疫，经济合理，美观的生产环境（图5-3）。

图5-3　猪场场区全景

1. 场地分区

在符合生物安全防控要求和本着节约土地的前提条件下，现代猪场一般分为3个功能区，即办公生活管理区、生产区和隔离区。为便于防疫和生产管理，根据当地全年的主风向与地形地势顺序安排以上各个功能区，各个功能区之间的间距不少于50m，并有防疫隔离带或围墙隔开。防止办公生活管理区和隔离区的污水流入生产区。

（1）办公生活管理区　应靠近猪场大门，并和生产区严格分开，距离应在100m以上。该区包括办公室、会议室、职工宿舍、食堂、文化娱乐室、生活物资消毒熏蒸室、更衣消毒间和洗澡间等。为保证良好的卫生条件，避免生产区的臭气、尘埃和污水的污染，生活区设在场区的上风向和地势较高的地方（图5-4）。

图5-4　猪场办公生活管理区

（2）生产区　是猪场的核心区域，包括各类猪舍和生产设施（图5-5和图5-6）。有各种生产猪舍、隔离舍、兽医室、饲料仓库、药房、物资库房、更衣消毒室和洗澡间等。严禁外来车辆进入生产区，严禁生产区的车辆随意外出。为保持生产区的独立、封闭和隔离，生产区与办公生活区、隔离区的间距应在100m以上。

其中，饲料仓库可设在生产区的围墙边，外来饲料可在生产区外将饲料卸到仓库或中转料塔（图5-7），由场内车辆或料线系统运送到各个猪舍。或者将饲料塔设在猪场生产区外，通过料线输送到各个猪舍。另外，出猪台和堆粪场也可设在生产区的围墙外边，外来的运猪车和运粪车等不必进入生产区即可操作。

图5-5　猪场生产区1

图5-6　猪场生产区2

图 5-7　中转料塔

（3）隔离区　主要是用来治疗、隔离病猪和处理猪场的粪尿、污水及其他的废弃物。包括病猪隔离室、尸体剖检室、堆粪场和粪污处理设施等。该区应尽量远离生产区，是卫生防疫和环境保护的重点，应设在整个猪场的下风向和地势较低处，以免造成疫病传播和环境污染。

2. 场内道路和排水

场内交通道路是猪场总体布局中一个重要组成部分，与猪场生产、卫生防疫有重要的关系（图 5-8）。猪场道路一般分为净道和污道，互不交叉，不得混用。净道专用于饲料、产品运输，污道则专用于粪污、病猪、死猪的运输。场内道路要求防水防滑。生产区不宜设有直通场外的道路，隔离区应设有通向场外的单向道路，有利于卫生防疫。

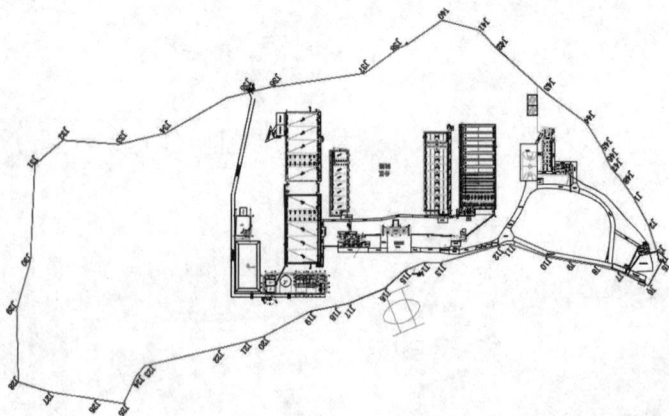

图 5-8　某猪场围墙道路总平面图

猪场排水应注意把雨水、雪水和猪舍污水严格分开，尽量减少污水的处理量。一般可在道路一侧或两侧设明沟排水，也可设暗沟。

3. 场区绿化

场区绿化对改善场区小气候有重要意义（图 5 - 9），既可美化环境，又可吸尘灭菌、降低噪声、净化空气、防疫隔离、防暑防寒等。但场区绿化需要考虑树木高度和树冠大小，防止夏季阻碍通风和冬季遮挡光照。另外，还需注意绿植会吸引飞鸟和其他动物而不利于生物安全防控。

图 5 - 9　场区绿化

4. 猪场建筑物布局

猪场建筑物的布局和间距应考虑各个建筑物之间的功能关系、卫生防疫、通风采光、防火、节约用地等要求，正确安排各种建筑物的位置、朝向和间距。各建筑物排列要整齐、合理，既要有利于道路、给排水管道、绿化、电线等的布置，又要便于生产和管理工作（图 5 - 10）。

图 5 - 10　猪场建筑物布局模拟图

办公生活管理区与场外联系密切，为保障猪群防疫，宜设在猪场大门附近，场区门口分设行人和车辆消毒池，两侧设值班室、更衣消毒室、洗澡间及独立的隔离房间。

生产区各猪舍的位置需考虑配种、转群等联系方便，并注意卫生防疫，种猪舍、仔猪舍应置于上风向和地势高处。妊娠猪舍、分娩猪舍应放到较好的位置，分娩猪舍要靠近妊娠猪舍，又要接近仔猪培育舍，育成猪舍靠近育肥猪舍，育肥猪舍设在下风向。商品猪置于离场门或围墙近处，围墙内侧设装猪台，运输车辆停在围墙外装车。

猪舍的朝向关系到猪舍的通风、采光和排污效果，根据当地主导风向和日照情况确定。一般要求猪舍在夏季接收太阳辐射少，舍内通风量大而均匀，冬季接收太阳辐射多，冷风渗透少。因此，炎热地区，应根据当地夏季主风向安排猪舍朝向，以加强通风效果，避免太阳辐射。寒冷地区，应根据当地冬季主导风向确定朝向，减少冷风渗透量，增加热辐射，一般以冬或夏季主风向与猪舍长轴有30°～60°夹角为宜，应避免主风方向与猪舍长轴垂直或平行，以利防暑和防寒，猪舍一般以南向或南偏东、南偏西45°以内为宜。

第二节　猪舍环境控制

猪舍内环境控制工作是日常养殖中的重点，包括猪舍内的温度调控、湿度调控、空气质量控制和环境卫生控制等。温度、湿度过高或过低会使猪只出现应激反应，导致机体抵抗力下降，发病率增加。空气质量是影响呼吸系统疾病的主要因素。环境卫生直接关系到猪舍内病原的数量。应合理设计猪舍的保温隔热、采光照明和供水排水，组织有效的通风换气，并根据具体情况采用供暖、降温、通风、光照、空气处理等设备，给猪只创造一个符合其生理要求和行为习性的适宜环境。

一、猪舍内温度的控制

温度是猪舍环境控制的重中之重。猪舍内温度控制主要通过猪舍外围护结构的保温隔热、猪舍的防暑降温与防寒保暖来实现。

1. 猪舍的设计

猪舍的保温隔热性能取决于猪舍样式、尺寸、外围护结构所用材料的热工性能和厚度等。设计猪舍时，应根据当地气候条件选择猪舍的型式和尺寸。对于有窗和密闭式猪舍，最好经过建筑热工计算来确定围护结构的材料和构造方案，以保证猪舍设计的最优化，使其能够在寒冷季节将猪舍内的热能保存下来，防止向舍外扩散；在炎热的季节隔断太阳的热辐射传入舍内，防止舍内温度升高，从而形成冬暖夏凉的猪舍小环境条件。

猪舍设计时应考虑当地气候来选择猪舍的样式，在南方等常年温度较高的地区，可选择建造半开放式或开放式的猪舍，利用通风效果来达到降温的目的。在北方等温度较低的地区可选择建造有窗的封闭式猪舍，不仅能提高保温效果，还有利于调控圈舍内温度。

在猪舍的外围结构中，屋顶和墙体的面积最大，冬季散热和夏季吸热最多，因此建造屋顶和墙体时应选择导热性能小的材料。另外，在屋顶铺设保温层和进行吊顶，墙体采用空心砖或空心设计，并在其中填充隔热材料，可明显增强猪舍的保温隔热效果。

减小外围护的表面积可明显提高保温效果，因此，以防寒为主的地区在不影响饲养管理的前提下，应降低猪舍的高度，以檐高2.2~2.5m为宜。炎热地区适当增加猪舍高度，有利于降温，可采用钟楼式屋顶（图5-11）。

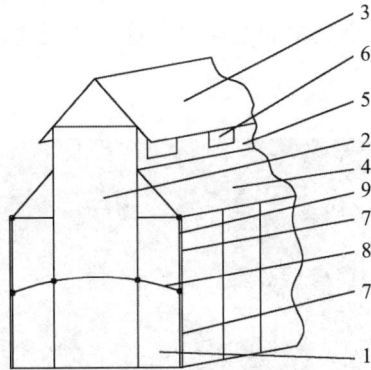

图5-11　钟楼式通风猪舍

1. 两侧圈舍　2. 中间通道　3. 顶棚　4. 圈舍顶面　5. 高出的墙体
6. 通风口　7. 卷帘遮阳布　8. 侧面卷帘遮阳布　9. 钢化玻璃

冬季，导热性强的地面（如水泥地面）对猪（特别是仔猪）十分不利，由于猪经常伏卧在地面休息，为避免影响猪的健康，还要做好地面的保温工作。可采用在地面层下设保温地板，断奶仔猪还可采用电热或水暖供热地板，辅以覆盖薄膜和保温灯进行保温（图5-12）。

图5-12　水暖供热地板

2. 猪舍的防暑降温

（1）通风降温　通风可分为自然通风和机械通风两种。自然通风的动力是靠自然界风力造成的风压和舍内外温差形成的热压使空气流动，进行舍内外空气交换，气流流经猪体，加强气体对流和蒸发散热，从而达到降温效果。在猪舍设地窗、天窗可形成"扫地风""穿堂风"，直接吹向猪体，并可加强热压通风，明显提高防暑效果。机械通风通过正压通风和负压通风（图 5-13）两种方式，形成较强气流，增强降温效果。适合猪场使用的通风机多为大直径、低速、小功率的通风机，这种风机通风量大、噪声小、耗电少、可靠耐用，适宜长期使用。

图 5-13　负压通风

（2）蒸发降温　猪汗腺不发达，高温情况下靠呼吸和皮肤蒸发散热，可利用淋浴、喷雾、蒸发垫等降温设备进行防暑降温。在猪舍内可用高压喷嘴将水喷成雾状，从而加快水的蒸发吸热，降低猪舍温度，喷雾使猪体表面潮湿，促进其蒸发散热（图 5-14）。给猪舍地面、屋顶上洒水，随水蒸发也可带走大量热量而降低舍温。蒸发垫冷却装置用于机械通风猪舍，使空气通过淋水的刨花箱、麻布帘或其他材料的蒸发垫，水蒸发吸热使空气降温，然后吹入猪舍，可使舍内温度明显降低。以上几种蒸发降温方法的效果受空气湿度的制约，相对湿度越高，水分蒸发量越少，降温效果越差。为此，应结合通风，促进水蒸发，吸收的热量大部分是猪体热量，防暑效果更佳。

图 5 - 14　蒸发降温

（3）负压湿帘降温系统　是猪场环境控制的新型降温系统，将负压通风和蒸发降温相结合，降温效果非常明显，也是规模化猪场采用最为普遍的降温方式之一。由于空气始终是从室外引进室内，所以能保持室内空气的新鲜，也可减少猪舍内有害气体的含量。

负压湿帘降温系统是由一种表面积较大的由特种波纹蜂窝状纸质做成的湿帘（图 5 - 15），以及高效节能低噪声负压风机系统（图 5 - 16）、水循环系统、浮球阀补水装置、温度控制系统（图 5 - 17）等组成。该系统的工作原理：当圈舍内温度超过设定的最适温度时，启动风机运行，并根据圈舍内温度的变化而调整风机运行的数量。风机运行时猪舍内产生负压，使室外空气流经多孔湿润的湿帘表面而进入猪舍，同时水循环系统工作，水泵把地下水池里的水沿着输水导管送到湿帘的顶部，使湿帘充分湿润，纸帘表面上的水在空气高速流动状态下蒸发，带走大量潜热，迫使流过湿帘的空气的温度比室外空气温度低 5～12℃。空气越干热，温差越大，降温效果越好。

图 5 - 15　蜂窝湿帘

图 5-16 负压风机系统

图 5-17 温度控制系统

负压湿帘降温系统既可将湿帘安装在一侧纵墙,风机安装在另一侧纵墙,使空气在猪舍内横向流动;也可将湿帘和风机分别安装在两侧的山墙上,使空气纵向流动。

3. 猪舍的防寒保暖

寒冷季节,通过猪舍外围护结构的保温不能使舍内温度达到要求时,就应该采取人工供热措施,尤其是仔猪舍和产房。人工供热可分为集中供暖和局部供暖两种形式。集中供暖是用同一热源,采用暖气、热风炉、电热器、锅炉等供暖设备(图 5-18),通过煤、油、煤气、电能等燃烧产热加热水或空气,再通过管道将热介质输送到猪舍内的散热器,放热为猪舍加温，保持猪舍的适宜温度。目前规模化猪场多采用热风炉或地暖供暖方式；局部供暖是用红外线灯、电热板、火炕、保育箱、热水袋等设备对舍内局部区域供暖，主要应用在产仔母猪舍的仔猪活动区。

图 5-18　空气能热水器

　　猪舍温度要通过精准的温度监控来实施调控，除了全自动环境控制系统中的温度探头的监测，还要经常检查舍内温度计温度，以此判断系统中温度监控是否精准。注意圈舍内温度计悬挂的高度应与温度探头的高度一致。

二、猪舍内湿度和空气质量的控制

　　猪舍内的湿度过高，容易滋生病原，引发猪呼吸道疾病；湿度过低，不利于猪的健康。不同类型猪舍要求的最适湿度不同。湿度过低时，可通过地面洒水或结合带猪喷雾、滴水等来提高猪舍内湿度；湿度过高时，可通过通风将多余的水汽排出，并减少地面水蒸气来降低猪舍湿度。

　　猪舍空气质量主要取决于猪舍空气中有害气体、饲料粉尘和微生物的含量，猪舍中有害气体主要包括硫化氢、氨气、二氧化碳等。在任何季节，提高猪舍空气质量都需要通过通风来实现，无论是自然通风还是机械通风，都是使空气流动，进行猪舍内外空气交换，将污浊空气排出去，新鲜空气引进来。冬季通风容易造成猪舍温度下降，为同时兼顾猪舍适宜温度和保证空气质量，一般情况下，冬季通风以舍温下降不超过 2℃ 为宜。猪舍的进风口设置的高度不宜过低，避免冷风直接吹向猪床；机械通风时，一侧排风机一侧进风口，风机宜设在墙的下部，进风口宜设在另一侧墙的上部。没有通风条件的密闭猪舍还可以在猪舍内使用空气净化设备来净化空气。

三、猪舍内光照的控制

光照对猪的生长发育、健康和生产力有一定影响。光照按光源分为自然光照和人工光照。自然光照是利用阳光照射采光，节约能源，但容易受到猪舍朝向、猪舍跨度、窗户大小和天气情况的限制，其光照的时间、强度和光照均匀度难以控制，当自然光照不能满足需要时，或者是在密闭无窗猪舍，必须采用人工光照。人工照明的强度和时间可以根据猪群要求进行控制。

自然采光猪舍设计建造时，应保证适宜的采光系数（门窗等透光构件的有效透光面积与猪舍地面面积之比），一般成年母猪舍和育肥猪舍为1：（12～15），哺乳母猪舍、种公猪舍和哺乳仔猪舍为1：（10～12），培育仔猪舍为1：10，根据采光系数即可确定猪舍窗户的面积。窗户除了采光外，还兼具通风功能，所以不同地区窗户的数量、形状和位置应根据猪舍朝向、当地地理和气象因素合理设计。保证光照标准，尽量使光照均匀。

人工光照多采用白炽灯或荧光灯作光源，要求照度均匀，能满足猪只对光照的需求。无窗式猪舍必须靠人工光源照明，自然光照猪舍也需设人工照明，以作为短日照季节的补充光照或作晚间工作照明。人工照明设计应保持猪床照度均匀，满足猪群的光照需要。一般情况下，各类猪的照度需求（在饲养管理操作面上的照度）如下：妊娠母猪和育成猪为50～75 lx，育肥猪为35～50 lx，其他猪为50～100 lx。无窗式猪舍的人工照明时间，育肥猪为8～12 h，其他猪为14～18 h。

四、猪舍环境卫生的控制

猪舍环境卫生对猪只健康影响极大，为此要做好日常环境卫生的维持工作。首先每日打扫猪舍，做好清粪和清污的工作，并将粪污集中堆积到指定的地点处理。对猪舍定期进行全面的清洗和消毒，严格按消毒计划进行消杀，给猪群一个清洁的养殖环境。

1. 粪污清理

猪的粪尿量和猪舍的污水排放量很大，若没有有效合理的粪污处理方法，常造成猪舍内潮湿，有害气体含量增多，空气卫生状况恶化。猪舍排污系统一般与清粪系统结合，猪舍清粪的方式有多种，常见的有人工干清粪、水冲清粪和机械刮粪等几种形式。

（1）人工干清粪　是最原始、最传统的清粪方法。猪的尿液和污水流入粪尿沟，猪粪则由人工清除收集并送到堆粪场进行堆肥发酵处理利用。这种方法实行粪尿分离，污水处理量少，但需要大量的人工，不符合机械化养猪的现状，所以只在少数小规模猪场中仍有使用。

（2）水冲清粪　往往用在有漏缝地板的猪场。在猪舍一侧建有适当容量的水池，利用物理原理设置每间隔一定时间放水一次，冲洗粪沟，将粪污从排污道清出。水冲粪几乎不需要人力，减少了人工开支，但用水量大，污水处理负担重，目前很少有猪场采用该种方法。

（3）机械刮粪　是采用电力驱动刮粪板清空地沟粪尿的方式（图 5 - 19 和图 5 - 20）。将地面设为漏缝地板，粪便经猪只踩踏落入粪沟，然后用刮板将粪便刮出舍外，此种方法多为粪尿混合，也可使粪尿分离。机械刮粪所用的电机、滑轮等需要进行日常维护和保养，所以这些部件应该设置在舍外或易于人员操作的位置，以降低维护保养的难度。

图 5 - 19　机械刮粪系统

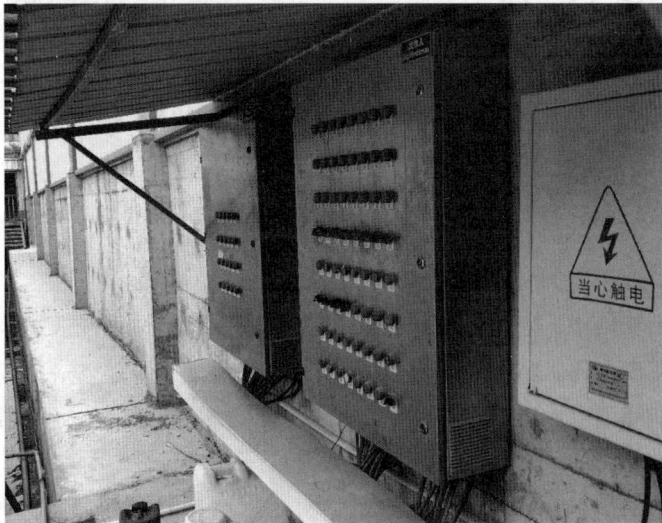

图 5 - 20　机械刮粪控制电机

2. 清洁消毒制度

集约化养猪场，由于采用高密度限位饲养工艺，必须有完善严格的卫生防疫制度，对猪舍内环境和设施设备进行严格的清洁消毒，清除和杀灭猪舍环境中的病原微生物及其他有害物质，达到预防和阻止疫病发生、传播和蔓延的目的，才能保证养猪高效率安全生产。

猪舍内环境消毒采用的方法有物理消毒和化学消毒。物理消毒法主要包括机械性消毒（清扫、擦抹、刷除、冲洗、通风换气、干燥等）、紫外线消毒和高温消毒（干热、湿热、蒸煮、煮沸、火焰焚烧等），多用于猪舍地面、设备、各种用具的消毒。涉及的消毒设备有高压水枪、紫外线灯、高压蒸汽灭菌锅、火焰消毒器等。化学消毒是利用化学药物杀灭病原的方法，是生产中最常用的消毒方法之一，生产中应根据消毒对象的不同，选用不同的药物（消毒剂）进行清洗、浸泡、喷洒或熏蒸，以杀灭病原（图5-21）。在选择消毒剂时应两种以上消毒药交换使用，以免产生耐药性。化学消毒法主要应用于猪舍、饲槽、各种物品用具的表面以及饮水消毒等。常用的化学消毒设备设施有地面冲洗喷雾消毒机、清洗消毒池等。

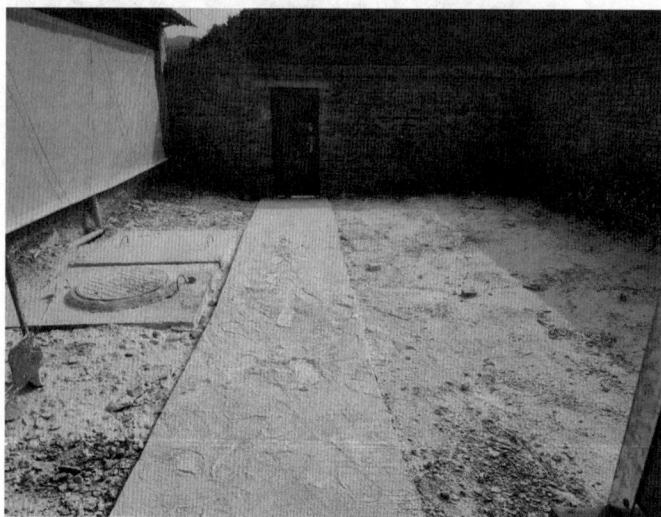

图5-21　喷洒生石灰（化学消毒）

在日常的饲养管理中，对猪的圈舍、设备、用具、饮水等进行常规性、长期性、定期或不定期的清洁消毒工作，特别是当猪群转群或出售后，必须对空猪舍环境、地面及设备设施进行全面清洗和消毒，以彻底消灭病原，保持圈舍整洁卫生。猪舍消毒具体操作为先彻底清扫干净猪舍，用高压水枪冲洗（图5-22），然后进行喷雾消毒或熏蒸消毒。用清水刷洗饲槽，去除消毒水。最后开门窗通风。对于生产用具（保温箱、补料槽、饲料车、料箱、针管等），一般先将其冲洗干净，再用0.1%新洁尔灭溶液或0.2%～0.5%过氧乙酸消毒，然后在密闭的熏蒸室内进行熏蒸消毒。

为避免工作人员携带病原进入生产区和猪舍，工作人员每次进入生产区或猪舍之前要经过洗澡、更衣消毒等。猪场严格控制外来人员随意进入，谢绝参观。

带猪消毒常用喷雾消毒法，即将消毒药液用压缩空气雾化后，喷到猪体表面上，以杀灭和减少体表和猪舍空气中的病原。常用的药物有0.2%～0.3%过氧乙酸，用药量为

图 5-22　高压水枪冲洗

$20\sim40mL/m^3$；也可用 0.2% 次氯酸钠溶液或 0.1% 新洁尔灭溶液。妊娠母猪在分娩前 5d 用 0.1% 高锰酸钾溶液擦洗全身，临近分娩时重点擦洗母猪的会阴部和乳房。哺乳期间，要定期对母猪的乳房进行清洗消毒。

五、控制有害生物

猪舍的有害生物主要包括老鼠、飞虫和蟑螂三大类。这些有害生物的存在不仅会消耗饲料、破坏财物（如老鼠啃咬），还会传播普通猪瘟、非洲猪瘟、口蹄疫、伪狂犬病、萎缩性鼻炎、流行性腹泻、弓形虫病等多种疫病，严重影响猪场生产。

1. 老鼠防控

在春、秋鼠类繁殖旺季和老鼠密度较高时，于鼠道和鼠洞内撒施药粉，利用鼠类自我清洁的习性将其消灭。此法是有效降低鼠类密度的措施之一。

在猪场围墙外设立第一道防线，按照 $15\sim30m$ 的标准放置全天候抗干扰鼠饵。在猪场围墙内设置第二道防线，根据鼠情设置捕鼠器。在室内（主要通道、仓库、出入口）建立第三道防线，在门内侧布放粘鼠贴，以防老鼠进入。

2. 飞虫防控

每年的 4—10 月是蚊蝇等飞虫的活动高峰期，应使用滞留喷洒和超低容量空间喷洒相结合的方式，快速击杀成虫，降低飞虫数量。

在场内尽量避免有死水，对雨水管、下水管、集水池等区域定期投放灭蚊蝇缓释剂。在进出口通道处安装粘捕式捕虫灯（室内水平距离门 3m 以上），平时要注意寻找虫害滋生或入侵的源头，结合物理、化学方法进行综合治理。

当场内某一区域出现大量飞虫或某盏捕虫灯捕虫数量突然大增时，要马上查找原因，如滋生地、入侵途径等。发现滋生地，应立即采取清除积水等措施，如发现是从室外入侵，要调查入侵途径，检查出入通道是否有缝隙、孔洞，人员及车辆进出后通道门是否关闭，以及是否安装防虫胶帘、风幕机、纱窗等防虫设施。

3. 蟑螂防控

在场内发现蟑螂应立即用对人畜无影响的化学药剂进行快速杀灭，并对室内可能草生蟑螂的地方，如饲料间、下水道、猪舍等进行检查，对发现的蟑螂滋生点立即进行诱饵处理。

当某区域突然出现单体或群居蟑螂时，应立即对附近区域进行勘察，找出滋生点或入侵途径，判断是主动入侵还是被动入侵（物品、设备携带入侵），同时对附近区域或设备进行处理。对墙角缝隙进行点胶或药物喷洒，最好在垃圾投放点、下水管道口周边安装监测设施。

4. 环境治理

对老鼠、飞虫和蟑螂等有害生物的防控是一个系统的综合工程，良好的环境治理有利于减少害虫的种群和数量，一般可采取如下治理措施：①通往室外的安全门下沿离地不大于 0.6cm（防鼠）。②通往室外的孔、洞、缝隙应尽量堵死、抹平、封严。③对各个区域的下水地漏要加盖，防止蟑螂从下水管侵入室内。④进出的货物要仔细检查，防止将害虫携带入场。⑤垃圾、粪便应统一管理，做到日产日清，并保持周围环境整洁。⑥害虫的繁殖离不开水，所以室内应尽量减少积水，保持通风干燥。

六、控制猪舍噪声污染

猪舍内的噪声来自于外界传入、舍内机械和猪群争斗等方面。猪对危险信息特别警觉，即使睡眠，一旦有意外响声，也会立即苏醒，站立警备。噪声会使猪的活动量增加而影响增重。为避免噪声对猪的休息、采食、增重的不良影响，常采取全群同时给料装置，尤其不轻易抓捕仔猪，保持猪群安静。在日常的生产管理过程中要尽量避免突发性的噪声，噪声强度以不超过 85dB 为宜。

06

第六章

猪的营养与饲料

饲料成本占养猪生产总成本的 60％左右。猪场经营过程中，提高饲料转化率，最大限度地发挥猪的生产潜力，是减少饲料损耗、提高猪场盈利能力的重要途径之一。

第一节　猪的营养需要

一、种公猪营养需要

种公猪营养需要包括维持、配种活动、精液生成和自身生长发育需要等。所需营养有能量、蛋白质（氨基酸）、矿物质、维生素等。各种营养物质的需要量还应根据其品种、类型、体重、生产情况而定。

1. 能量

一般瘦肉型品种，成年公猪（体重 120～150kg）在非配种期的消化能需要量是 25.1～31.3MJ/（头·d）；配种期消化能需要量是 32.4～38.9MJ/（头·d）。对于青年公猪，由于自身尚未完成生长发育，还需要一定营养物质供自身继续生长发育，一般应参照其标准上限值。能量供给过高或过低对公猪均不利。能量供给过高，会造成公猪过于肥胖，性欲不强，精子活力降低，影响配种能力，严重者不能参加配种；能量供给过低，公猪身体消瘦，体质下降，性欲降低，同样降低配种性能。对于后备公猪，日粮中能量不足将影响睾丸和附属性器官的发育，导致后备公猪体型小、瘦弱、性成熟推迟，初情期射精量少，本交配种体力不支，性欲下降，不爱运动等不良后果，从而缩短公猪使用年限；但能量过高又可导致后备公猪过于肥胖，体质下降，行动懒惰，同样影响将来的配种能力。

2. 蛋白质

公猪饲粮中蛋白质的数量和质量，均可影响公猪性器官发育、精液品质及身体素质。蛋白质水平一般以 14％左右为宜。蛋白质含量过高，会增加饲料成本，造成蛋白质资源浪费，而且多余的蛋白质会转化成脂肪沉积体内，使得公猪体况偏胖，影响配种，同时也增加肝肾负担；过低则会影响精液中精子的密度和品质。在考虑蛋白质数量的同时，还应注重蛋白质质量，且需要考虑必需氨基酸的平衡问题，特别是玉米豆粕型日粮，赖氨酸、蛋氨酸、色氨酸尤为重要。一般以计算氨基酸含量来平衡饲料中含氮物营养。根据美国

NRC（1998）建议，配种公猪日粮中赖氨酸水平为 0.60%，其他氨基酸可参照标准酌情添加。

3. 矿物质

矿物质对公猪精子产生和体质健康影响较大。长期缺钙会造成精子发育不全，活力降低；长期缺磷会使公猪生殖机能衰退；缺锌会造成睾丸发育不良而不能产生精子；缺锰可使公猪精子畸形率增加；缺硒会使精液品质下降，睾丸萎缩退化。目前公猪多实行封闭饲养，接触不到土壤和青饲料，容易造成一些矿物质缺乏，应注意添加相应的矿物质饲料。美国 NRC（1998）建议，公猪日粮中钙为 0.75%，总磷 0.60%，有效磷 0.35%。另外，公猪日粮食盐含量应控制在 3%~4%。

4. 维生素

维生素营养对种公猪生产也十分重要。在封闭饲养条件下，不添加维生素或添加不足，均会引发猪的维生素缺乏症。种公猪日粮中长期缺乏维生素 A，会延迟青年公猪性成熟，使睾丸显著变小，睾丸上皮细胞变性和退化，降低精子密度和质量；但维生素 A 过量，可引发被毛粗糙、鳞状皮肤、过度兴奋、触摸敏感、蹄周围裂纹处出血、排血尿或血粪、腿失控不能站立及周期性震颤等中毒症状。日粮中维生素 D 缺乏会降低公猪对钙磷的吸收，间接影响公猪睾丸产生精子和配种能力。公猪日粮中长期缺乏维生素 E 会导致成年公猪睾丸退化，永久性丧失生育能力。其他维生素也在一定程度上直接或间接地影响着公猪的健康和种用价值，应根据饲养标准给予满足。NRC 提供的数据，只是一般情况下最低必需量，实际生产中可酌情增加。一般维生素添加量应是标准的 2~5 倍。

5. 水

除了上述各种营养物质外，水也是公猪不可缺少的营养物质。缺水会导致公猪食欲下降，体内矿物质离子紊乱，其他各种营养物质不能很好地消化吸收，甚至生病等不良后果。因此，必须按其日粮 3~4 倍量提供清洁、卫生的饮水。

二、配种前母猪营养需要

后备母猪在蛋白质、矿物质供给水平上，应略高于经产母猪才能满足后备时期身体生长发育和将来的繁殖需要（表 6-1）。

表 6-1　后备母猪和经产母猪饲粮中主要营养物质含量

（引自周芝佳，《猪生产》，2021）

类别	能量（MJ/kg）	蛋白质（%）	钙（%）	磷（%）	赖氨酸（%）
后备母猪	14.21	14~16	0.95	0.80	0.70
经产母猪	14.21	12~13	0.75	0.60	0.50~0.55

1. 能量

日粮能量水平与后备母猪初情期关系密切。一般情况下，日粮能量水平高可使后备母猪初情期提前，增重大；能量水平低，后备母猪生长缓慢，初情期延迟；但能量水平过高，会导致后备母猪体况偏肥，从而推迟初情期的到来或造成繁殖障碍，不利于发情配种，增加母猪淘汰率。经产母猪日粮能量水平过低会延长断奶后发情时间间隔或者导致不发情；日粮能量水平过高同样会导致母猪不发情或排卵少，卵子质量不好，甚至不孕。因此建议后备母猪日粮供给消化能 35.52MJ，经产母猪 28.42MJ。

2. 蛋白质

后备母猪日粮的蛋白质水平、氨基酸含量均应高于经产母猪。如果后备母猪蛋白质供给不足，会延迟初情期到来，因此建议后备母猪粗蛋白质为 14%～16%，赖氨酸 0.7%左右。经产母猪蛋白质不足，同样影响其发情和排卵，因此建议经产母猪的粗蛋白质为 12%～13%，赖氨酸为 0.50%～0.55%。

3. 矿物质

经产母猪泌乳期间会损失大量矿物质，如果不及时补充，将会影响经产母猪身体健康和继续繁殖使用；后备母猪正在进行营养蓄积，为将来繁殖泌乳打基础，如果营养供给不科学同样会影响身体健康和终生的生产性能。特别是现代养猪生产中猪饲养在封闭圈舍内，接触不到土壤、青草、野菜及外源矿物质，因此必须注意矿物质的添加，防止不良后果出现。一般后备母猪日粮中的钙为 0.95%，总磷为 0.80%；经产母猪钙为 0.75%，总磷为 0.60%。后备母猪日粮中钙、磷的含量均应高于经产母猪，钙、磷摄入不足会对骨骼生长起一定的限制作用，将来还会引发肢蹄病等不良后果。母猪缺乏碘、锰，会导致生殖器官发育受阻、发情异常或不发情。其他矿物质使用量可参照美国 NRC（1998）标准酌情添加，注重各种营养物质之间的平衡。

4. 维生素

维生素使用与否及使用量，直接关系到母猪的健康和繁殖。母猪有存储维生素 A 的能力，体内存储的维生素 A 可以维持 3 次妊娠，之后如不再及时补给，母猪将出现不发情、行动困难、后腿交叉、斜颈、痉挛等，严重时会影响胚胎生长发育。母猪缺乏维生素 E 和硒，会造成发情困难。缺乏维生素 B_1、维生素 B_2、泛酸、胆碱时，母猪将出现不发情、假"妊娠"、受胎率低等繁殖障碍。其他维生素虽然不直接影响母猪发情排卵，但缺乏将使母猪身体健康受到损害，最终影响生产。

5. 水

配种前母猪饲粮中粗纤维含量比其他阶段猪高，所以对水的需要量较多，一般为日粮的 4~5 倍，即每日每头 12~15L。饮水不足将会影响母猪健康和生产。应常备清洁、卫生、爽口的饮水，饮水器安装高度 55~60cm，饮水流量至少 1L/min。如使用饮水槽，要求经常清洗饮水槽，保持清洁。

三、妊娠母猪营养需要

妊娠母猪营养需要包括维持和生产需要，生产需要又分为子宫内容物（子宫、胚胎、胎盘等）和子宫外物（乳房、母体本身增重）的需要。

1. 能量

妊娠母猪前期能量供给会影响胚胎存活率。研究表明，与低能量日粮相比，高能量日粮会增加配种后 4~6 周胚胎死亡率。同时，妊娠后期能量水平对仔猪初生重影响较为显著，如果母猪日粮能量在 20.90MJ/（d·头）以下，会降低仔猪初生重；但当日粮能量超过 25MJ/（d·头）时，初生重增加并不明显。

妊娠母猪能量水平对将来泌乳及繁殖也有较大影响，能量水平过高，母猪体重增加过多，泌乳期间母猪体重就会降低过多，不但浪费饲料，增加饲养成本，而且还会导致哺乳母猪产后食欲不佳、泌乳性能下降、过度消瘦，影响断奶后发情配种。因此，应合理掌握妊娠母猪营养水平，控制母猪妊娠期间增重，以保证最佳的生产效果（表 6-2）。

表 6-2 妊娠母猪不同饲养水平对体重（kg）的影响
（引自周芝佳，《猪生产》，2021）

营养水平 （每 100kg 体重中）	配种体重	产后体重	妊娠期增重	断奶期增重	哺乳期失重	总净增重
高 1.8kg/d	230.2	284.1	53.9	235.8	48.3	+5.6
低 0.87kg/d	229.7	249.8	20.1	242.2	7.4	+12.7

2. 蛋白质

妊娠母猪的粗蛋白质摄入水平在很大范围内对猪体成分、产仔数及后代生长发育没有影响或影响很小，但对母猪的体重变化影响较大。日采食粗蛋白质过多时，母猪妊娠体重加大，泌乳失重也加大。妊娠母猪可以利用蛋白质储备来满足胚胎生长和发育，但母猪长期缺乏蛋白质将导致产后泌乳量下降，断奶后母猪不能如期发情配种等不良后果。为了使母猪正常进行繁殖泌乳，并且身体不受损，NRC（1998）推荐妊娠母猪粗蛋白质水平为 12%~12.9%，赖氨酸为 0.52%~0.58%。

3. 矿物质

矿物质对妊娠母猪的身体健康和胚胎生长发育影响较大。无论是常量元素还是微量元素，缺乏均会引起母猪发情、排卵异常，流产，畸形或死胎增加等繁殖障碍。现代养猪生产中，母猪生产水平较高，窝产仔数 10～12 头，初生重 1.2～1.7kg，年产仔 2～2.5 窝。NRC（1998）推荐钙 0.75％、总磷 0.60％、有效磷 0.35％、氯化钠 0.35％左右，其他矿物质元素参照标准酌情添加。

4. 维生素

妊娠母猪对维生素的需要有 13 种，日粮中缺乏将会导致出现母猪繁殖障碍乃至终生不育，推荐 NRC（1998）妊娠母猪维生素需要量，配合日粮时酌情添加。

5. 水

妊娠母猪日粮量虽较少，但为了防止饥饿，增加饱腹感，粗纤维含量应相对较高，一般为 8％～12％，所以对水的需要量较多。一般每头妊娠母猪日需要饮水 12～15L。供水不足往往会导致母猪便秘，对于老龄母猪会引发脱肛等不良后果。

四、泌乳母猪营养需要

泌乳母猪需要消耗一定的体能储备来获取维持和泌乳的营养需要，体能储备过度损失会降低其体重，导致断奶到再次发情的时间延长，受胎率降低并易被提前淘汰。因此，必须重视泌乳母猪营养的合理供给，以充分发挥其泌乳性能，这样既能促进仔猪的生长发育，提高仔猪的哺育率，又可避免母猪在哺乳期内失重过多，影响断乳后母猪的再次发情配种。

母猪在整个泌乳期分泌大量乳汁。以瘦肉型猪种为例，产后 3～5 周内平均每昼夜泌乳 8～10kg。由于泌乳排出大量的营养物质，因此泌乳母猪日粮中应保证泌乳所需的各种营养物质。

1. 能量

泌乳母猪的能量需要应考虑维持需要、泌乳需要和体重损失所需要的能量。泌乳母猪昼夜泌乳，随乳汁排出大量干物质，这些干物质含有较多的能量，如果不及时补充，一方面会降低泌乳母猪的泌乳量，另一方面会使得泌乳母猪由于过度泌乳而消瘦，体质下降。为了使泌乳母猪在 4～5 周的泌乳期内体重损失控制在 10～14kg 范围内，一般体重 175kg 左右带仔 10～12 头的泌乳母猪，日粮中消化能的含量为 14.2MJ/kg。泌乳母猪每天所需消化能（DE）计算公式为：

泌乳母猪每天所需 DE（kJ/d）＝维持 DE＋产乳 DE－母体失重提供的 DE＋体温调节 DE

2. 蛋白质

泌乳母猪在保证能量需要之外，还需要蛋白质、氨基酸的供给。至于蛋白质、氨基酸需要量的推算依据是维持加泌乳。NRC（1998）推荐，体重 175kg（产后），带仔 12 头，仔猪预期日增重 250g。母猪泌乳 4 周体重损失 10kg 情况下，母猪应采食粗蛋白 1 086g

（粗蛋白 19.3%，日粮 5.65kg），赖氨酸 0.75%～0.9%（45～55g/d），其他氨基酸可参照 NRC（1998）。

3. 矿物质

矿物质中钙和磷对泌乳母猪特别重要。猪乳中矿物质占 1%，其中钙 0.21%、磷 0.15%，钙磷比例为 1.4∶1。钙、磷不足或比例不当，会影响泌乳母猪的产奶量，为了维持其足够的乳量保证仔猪发育，母猪只能动用骨中的钙、磷，导致机体出现钙和磷的负平衡，长此以往，严重时会导致母猪发生瘫痪。NRC（1998）推荐，钙 0.75%、总磷 0.6%、有效磷 0.35%、食盐 0.5%。母猪日采食钙至少 40g，磷 31g。其他矿物质如铁、铜、锌、硒、碘、锰等对母猪繁殖性能也很重要，根据 NRC（1998）推荐标准酌情执行。

4. 维生素

饲养标准中推荐的维生素需要，只是最低非缺乏状况下的数值，在实际生产中其添加量往往应该是饲养标准的 2～5 倍。特别是维生素 A、维生素 D、维生素 E、B 族维生素等，对于高生产水平和处于封闭饲养的泌乳母猪来讲显得格外重要。

5. 水

猪乳中含有 80% 左右的水，饮水不足会使母猪泌乳量下降，甚至影响母猪身体健康。泌乳母猪每日饮水量为其日粮量的 4～5 倍，同时要保证饮水的质量，要求饮水清洁、卫生、爽口。

五、仔猪的营养需要

仔猪营养需要变幅较大，主要受仔猪生长潜力、年龄、体重、断奶日龄、饲粮原料组成、健康状况、环境条件等的影响，生产上应加以注意。

1. 能量

哺乳期仔猪的能量需要从母乳和补料中得到满足，母乳及补料提供能量的比例见表 6-3。随着仔猪日龄和体重的增加，母乳能量满足程度下降，差额部分由补料满足。为满足仔猪的能量需要，补料中能量含量一般应为 13.81～15.06MJ/kg。

断奶仔猪的能量需要是根据仔猪断奶时间和体重来制订的。目前国内外多实行 3～4 周龄断奶，断奶体重为 6～10kg。NRC（1998）推荐日粮消化能的最低供给量为 7.11MJ。断奶仔猪在保育舍内饲养到 9 周龄，体重达 20kg 左右，此阶段的日粮消化能最低供给量应是 14.21MJ。日粮中能量水平是决定断奶仔猪生长速度的第一要素。由于断奶仔猪胃肠容积有限，每日采食的日粮受限，人们常通过提高饲粮能量含量的方法使仔猪摄取较多能量，满足其迅速生长的需要。

表 6 - 3　哺乳仔猪的能量需要及母乳供应量

项目	周龄							
	1	2	3	4	5	6	7	8
体重（kg）	2	3.4	5	6.8	8.5	10.8	13.2	16
能量需要量（MJ/d）	3.14	4.69	5.23	5.98	6.98	8.08	9.71	11.51
母乳供应量（%）	108	94	90	78	67	54	36	27
需要补料供应量（%）	—	6	10	22	33	46	64	73

2. 蛋白质

仔猪 3～4 周龄断奶，在其断奶以前，平均日增重 300g 以上。猪在 60kg 以前，其主要增重内容是肌肉组织，而肌肉组织主要成分是蛋白质。断奶后 1～2 周内，生长速度视其断奶应激大小而有差异。断奶时间晚，断奶体重大，仔猪开食早，采食固体饲料多，环境条件较适宜的情况下，仔猪应激持续时间较短。断奶后生长速度加快，对蛋白质氨基酸的需求增加。在良好的饲养条件下，仔猪断奶后至 9 周龄的平均日增重一般为 500～700g。根据这个生长速度，美国 NRC（1998）饲养标准要求，体重 10～20kg 阶段，粗蛋白质 20.9%、赖氨酸 1.15%。

断奶仔猪饲粮粗蛋白质水平过低会导致仔猪生长变慢，粗蛋白质水平偏高则往往会导致仔猪腹泻发生率增加。因此，人们利用氨基酸来平衡日粮，既可保证仔猪生长速度，又能减少腹泻发生率。这一举措对提高含氮化合物的利用率和节约有限的蛋白质资源意义重大。

3. 矿物质

猪至少需要 13 种矿物元素。保育猪期间，骨组织生长强度较大，因此所需矿物质营养应增加，特别是钙、磷作为骨组织主要成分必须首先考虑。NRC（1998）推荐钙 0.70%～0.80%、总磷 0.60%～0.65%、有效磷 0.32%～0.40%。其他矿物质元素对断奶仔猪生长发育也十分重要，特别是铁、铜、锌、硒，近几年研究结果表明，不仅影响生长速度，而且会影响断奶仔猪健康。NRC（1998）推荐量为铁 80mg/kg、铜 6mg/kg、锌 80mg/kg、硒 0.25mg/kg。以上推荐量只是防止出现缺乏症的最低量，生产中可适量增加。

4. 维生素

仔猪断奶后 1～2 周应激反应较大，加之以后其生长速度较快，因此断奶仔猪对维生素的需求量增加。饲养标准推荐量，只是防止出现缺乏症的最低需要量。实际配合饲粮过程中，基于加工损耗、抗应激、自然环境破坏等因素的考虑，维生素添加量往往是其推荐量的 2～8 倍。维生素 A、维生素 E 有增强仔猪免疫力的功能。水溶性维生素有增进食欲、防止被毛粗糙的作用。断奶仔猪饲粮中添加脂肪，应增加维生素 E 的添加量；制作颗粒饲料时，应增加 B 族维生素的添加量；夏季所有维生素均应增加添加量。

5. 水

水对猪而言，是不可缺少的重要物质。水的味道、温度、水质及饮水设施对仔猪饮水量影响较大，要求饮水无异味，水温冬季不过凉、夏季要凉爽；水质符合人饮用水卫生要求。

六、生长育肥猪的营养需要

营养是充分发挥生长育肥猪生产性能的重要保证。营养水平过低或不平衡均无法保证猪的正常生长发育，降低其生产性能；营养水平过高，也不能获得最佳的经济效益。

1. 能量

能量供给水平与猪的增重和肉质成分有密切的关系，一般来说能量摄取越多，日增重越快，饲料利用率越高，屠宰率、胴体脂肪含量越多，膘也越肥。对于大多数生长猪，较低的能量水平会限制其生长；而对于育肥猪，能量摄入量一般不会限制其瘦肉生长速度。在进行日粮配合时，应根据市场对产品的需求确定其最佳的能量摄入量。

在一定的范围内，能量含量提高，采食量降低；能量含量降低，采食量提高。如果日粮中能量含量过低，即使猪多采食饲料也满足不了所需能量，从而使猪的日采食消化能降低，影响其生产性能。20～50kg 的生长猪，必须每天摄入 1.8～2.0kg 的日粮才有饱腹感，每天摄入 30.12～31.8MJ 的消化能才能充分发挥其生长潜力；如果每千克日粮中能量含量达不到 14.0～15.0MJ，则猪摄入的能量不足以充分发挥其生长潜力。表 6-4 为日粮能量含量对猪生产性能及胴体品质的影响。随饲料能量含量的提高，日采食饲料量下降，但日采食消化能提高，日增重增加，背膘加厚。NRC（1998）建议，生长育肥猪能量含量为每千克饲粮 14.23MJ。

表 6-4 日粮能量含量对猪生产性能及胴体品质的影响

消化能（mg/kg）	日采食量（kg）	可消化能（MJ）	日增重（g）	背膘厚（cm）
11.0	2.50	27.50	860	2.48
12.3	2.40	29.52	900	2.65
13.7	2.35	32.20	949	2.98
15.0	2.24	33.60	944	3.02

2. 蛋白质

随着生长育肥猪月龄（或体重）的增加，所需粗蛋白质相对减少，后备猪较育肥猪需粗蛋白质较多。瘦肉型生长育肥猪比肉脂兼用型猪所需蛋白质多。为尽可能地降低饲料成本，人们提出了低蛋白质日粮的概念。所谓低蛋白质日粮是指在不影响猪的生产性能的条件下，蛋白质水平最低的日粮。采用低蛋白质日粮可以降低氮的排放量以及排泄物的异味，改善环境条件，但如果降低的幅度过大，胴体品质往往受到一定影响。

生长育肥猪有 10 种必需氨基酸。饲粮中氨基酸比例适当时可以降低总氨基酸的供给量，节约蛋白质饲料，减少排泄氮对环境的污染。NRC（1998）饲养标准要求，体重 20～50kg 阶段，粗蛋白质 18%、赖氨酸 0.95%；50～80kg 阶段，粗蛋白质 15.5%、赖氨酸 0.75%；80～120kg 阶段，粗蛋白质 13.2%、赖氨酸 0.60%。

3. 矿物质

生长育肥猪至少需要 13 种矿物质元素，包括钙、磷、钠、氯、钾、镁、硫等 7 种常量元素和铁、铜、锌、锰、碘、硒等 6 种微量元素，还需要钴合成维生素 B_{12}。

在一定范围内，日粮钙、磷增加时，生长猪的日增重有所改善，但改善的效率逐渐降低。大量生长猪钙、磷生长试验数据证实，日粮中钙 0.65%～0.60%、磷 0.55%～0.50%，可获得最佳增重速度和饲料转化率。高钙、磷水平日粮可获得最大的骨骼强度，但并不能改变生长猪的体质和健康状况。另外，处于生长发育阶段，公猪的钙、磷需要高于母猪和去势公猪。

动物体内钠、钾、氯离子的含量以及它们之间的合理平衡，对维持动物体细胞渗透压、酸碱平衡以及水盐代谢等具有重要生理作用。生长育肥猪对钠的需要量不高于 0.08%～0.1%，对氯的需要量不高于 0.08%，饲喂常规玉米-豆粕型日粮时，添加 0.2% 食盐足以满足需要。生长猪钾需要量为 0.23%～0.28%。

4. 维生素

维生素 D 的需要量在很大程度上与钙、磷比例有关，比例过大或过小都会使维生素 D 的需要量增加。NRC（1998）推荐快速生长仔猪的钙磷比为（1.1～1.5）∶1，维生素 D 需要量 150IU/kg。育肥猪饲料添加维生素 E，可延长猪肉的贮存时间。日粮中维生素 E 的最低添加量为 40mg/kg。如果日粮脂肪高于 3%，维生素 E 的添加量应在推荐量的基础上增加，其增加的幅度是每 1% 的脂肪添加维生素 E 5mg/kg。尼克酸是猪典型日粮中易缺乏的 B 族维生素之一。NRC（1998）推荐猪有效尼克酸需要分别为体重 10～20kg 阶段 12.5mg/kg；25～50kg 阶段 10mg/kg；50～120kg 阶段 7mg/kg。

5. 水

水作为体内一切化学反应的媒介，是各种营养素和代谢产物运输的平台。生长育肥猪缺水或长期饮水不足，会造成严重影响。

第二节　猪饲料的配合

一、相关概念

1. 配合饲料

配合饲料是指根据动物饲养标准及饲料原料的营养特点，结合实际生产情况，按照科学的饲料配方生产出来的由多种饲料原料组成的均匀的混合物。

2. 日粮

日粮是指一头家畜一昼夜所采食的饲料量。当其中营养物质的种类、数量及比例符合动物的营养需要时，称为平衡日粮或全价日粮。

3. 饲粮

饲粮是指按日粮的百分比例配制成的大量混合饲料。实际生产中，常为相同生产目的的动物群体配合大批的平衡日粮，然后按顿饲喂。平衡日粮和平衡饲粮都属于配合饲料。

二、配合饲料的种类

1. 按饲料营养成分和用途分类

按饲料营养成分和用途分类，可分为添加剂预混合饲料、浓缩饲料和全价配合饲料。

（1）添加剂预混合饲料　由一种或多种饲料添加剂原料与载体或稀释剂按配方制成的均匀混合物。原料添加剂大体可分为营养性和非营养性两类。前者包括维生素类、微量元素类、必需氨基酸类等；后者包括抗氧化剂、防霉剂、益生菌、着色剂、中草药添加剂等。其不能直接喂猪，一般占全价配合饲料的 0.5%～5.0%。

（2）浓缩饲料　是由蛋白质饲料、矿物质饲料及添加剂预混料按科学配方制成的均匀混合料。其不能直接饲喂，必须与一定比例的能量饲料相混合才可制成全价配合饲料，一般占全价配合饲料的 20%～40%。

（3）全价配合饲料　是指根据养殖动物营养需要，将蛋白质饲料、能量饲料、矿物质饲料和饲料添加剂按照一定比例配制的混合饲料。全价配合饲料理论上是除水分以外能全部满足动物营养需要的配合饲料，可直接饲喂动物。

2. 按饲料形状分类

按饲料形状分类，可分为粉料、颗粒饲料和膨化饲料等。

（1）粉料　是最常用的形式。优点是生产加工工艺简单，加工成本较低，动物采食均匀，应用广泛。缺点是生产时粉尘大，损失较大，加工、贮藏和运输等过程中养分易受外界环境的干扰而失活，易引起动物挑食，造成浪费。

（2）颗粒饲料　是指以粉料为基础经过蒸汽调质加压处理而制成的颗粒状配合饲料，多为圆柱状。优点是饲料容重大，适口性好，可提高动物采食量，避免动物挑食，减少粉料在运输、喂料时的浪费，缩小饲料体积，便于保存，保证饲料营养的平衡性，饲料利用率高。缺点是加工过程中由于加热加压处理，部分维生素、酶等的活性受到影响。

（3）膨化饲料　指将粉状的配合饲料加水加温之后进行膨化工艺处理得到的膨化产

品。优点是适口性好，易于消化吸收，是幼龄动物的良好开食饲料。

（4）其他　如液体饲料、砖状饲料等。

3. 按饲料饲喂对象分类

按饲料饲喂对象分类，可分为乳猪料、断乳仔猪料、生长猪料、育肥猪料、妊娠母猪料、泌乳母猪料、公猪料等。

三、全价配合饲料配方设计的原则

1. 营养性原则

（1）合理地设计饲料配方的营养水平　以饲养标准为基础，结合猪的生产性能、饲养技术水平与饲养设备、饲养环境条件、市场行情等调整饲粮的营养水平，要特别注意各种养分的平衡，尤其是能量与蛋白质、氨基酸、矿物质和维生素之间的相对平衡，因为各养分之间的相对比例比单种养分的绝对含量更重要。

（2）合理选择饲料原料　所选原料应多样化，适口性好，粗纤维含量适宜，体积适当，此外还要考虑原料对畜产品风味及外观的影响。配合饲料中养分平衡与否，与所选用原料的营养成分含量有直接关系。原料营养成分含量应尽量有代表性，要根据原料的规格、等级、品质特性来确定营养成分含量，对重要指标最好实测。

（3）正确处理饲料配方设计值与配合饲料保证值的关系　配合饲料营养成分的设计值应略高于保证值。因为各养分含量的设计值与实际值之间常存在一定差异，且配合饲料及原料在加工过程中也会出现养分的损失，配合饲料在储藏过程中某些营养成分还会受外界各种因素的影响而有所损失。

2. 安全性原则

配合饲料对猪必须是安全的，发霉、酸败、污染和未经处理的含毒素的饲料原料不能使用。设计配方时，某些饲料添加剂的用量和使用期限应符合安全法规。

3. 经济性原则

经济性主要指经济效益、社会效益和环境效益。不断提高配合饲料的质量，降低成本是配方设计的宗旨。配合饲料应使用适度的原料种类和数量，尽量做到原料营养成分的互补，又不增加加工成本。同时还要考虑猪的废弃物中氮、磷、铜等对人类生存环境的不利影响。

4. 市场性原则

产品设计必须以市场为导向。配方设计人员必须熟悉市场，及时了解市场动态，准确确定产品在市场中的定位，明确用户特殊要求，如外观、颜色、风味等，设计出各种不同档次的产品，以满足不同用户的需求，同时还要预测产品的市场前景，不断开发新产品，以增强产品的市场竞争能力。

第三节　配方设计的方法

手工设计全价饲料配方，包括试差法和方块法。

1. 方块法

方块法又称交叉法、四角法或对角线法。此法适用于饲料原料种类及营养指标较少的情况，生产中最适用于求得浓缩饲料与能量饲料的比例。

例如：用能量饲料（玉米、麸皮）和含粗蛋白质33%的浓缩饲料配制哺乳母猪日粮。

（1）查饲喂对象的粗蛋白质需要量　经查，哺乳母猪日粮中粗蛋白质需要量为17.5%。

（2）查常用饲料营养成分表　玉米和麸皮粗蛋白质含量分别为8.7%和15.7%。

（3）确定能量饲料组成，并计算能量饲料混合物中粗蛋白质的含量　一般玉米占能量饲料的70%，麸皮占30%，则其混合物中粗蛋白质含量为70%×8.7%+30%×15.7%=10.8%。

（4）用交叉法计算各种饲料在配方中的比例　先画一个方块，在方块中间写上配合饲料中粗蛋白质应达到的含量17.5%，在左上角和左下角分别写上能量饲料混合物和浓缩饲料中粗蛋白质的含量，然后按对角线方向用大数减去小数，结果分别写在相应的右上角和右下角。计算两种饲料所占的比例。

能量饲料混合物占配合饲料的比例：15.5%/（15.5%+6.7%）×100%=69.82%

浓缩饲料占配合饲料的比例：6.7%/（15.5%+6.7%）×100%=30.18%

（5）计算玉米、麸皮各占配合饲料的比例

玉米：69.82×70%=48.87%

麸皮：69.82×30%=20.95%

因此，哺乳母猪日粮配方：玉米48.87%，麸皮20.95%，浓缩饲料30.18%。

2. 试差法

试差法是一种经验法，先初步拟订一个饲料配方，再计算该配方的营养成分含量，并与饲养标准对照比较，若配方中能量和粗蛋白质等含量与饲养标准不相符，需适当调整配方比例，并重新计算，直到相符为止。需要注意的是，配方中营养成分的含量可稍高于饲养标准，一般控制在2%以内。试差法的步骤如下：①查找营养需要量，选择适合的饲养标准。②查找饲粮原料营养成分含量。③根据营养需要量，初步确定各营养成分含量，并根据饲粮原料营养成分含量计算饲粮各营养成分比例。④根据母猪营养需要量，调整原料配比，直到满足要求。⑤利用赖氨酸、钙、磷等成分确定其他成分配比。

以50~75kg瘦肉型后备母猪为例进行饲料配方设计：

（1）查饲养标准　瘦肉型后备母猪（50～75kg）的营养需要量见表6-5。

表6-5　瘦肉型后备母猪（50～75kg）营养需要量

消化能（MJ/kg）	粗蛋白质（%）	赖氨酸（%）	蛋氨酸＋胱氨酸（%）	钙（%）	磷（%）
14.30	16.0	0.84	0.50	0.75	0.40

（2）查饲料营养成分表　饲料能量和营养物质含量见表6-6。

表6-6　饲料营养成分

饲料	消化能（MJ/kg）	粗蛋白质（%）	赖氨酸（%）	蛋氨酸＋胱氨酸（%）	钙（%）	磷（%）
玉米	14.27	8.7	0.24	0.38	0.02	0.05
豆粕	14.26	44.2	2.68	1.24	0.33	0.16
小麦麸	9.33	14.3	0.56	0.53	0.10	0.33
油脂	36.61					
石粉					35.84	0.01
磷酸氢钙					29.60	22.77
赖氨酸			78.8			

（3）初拟配方　根据饲料原料营养成分数据，初步拟定各种饲料原料用量比例，并计算结果。

设计一般畜禽配合饲料时，各类饲料原料的用量比例可以参考以下数值：能量饲料占50%～70%；植物蛋白占10%～30%；糠麸类0～20%；矿物质饲料2%～10%，包括补充钙、磷和食盐的原料；也可将添加剂预混料的用量包含在内。需要注意的是猪的第一限制性氨基酸为赖氨酸。根据饲料配方的基本要求以及参考上述用量拟定初始配方：玉米66%，豆粕23%，小麦麸6%，油脂2%，石粉0.7%，磷酸氢钙1%，赖氨酸0.1%，食盐0.2%，预混料1%。初拟配方各养分含量与瘦肉型后备母猪需要量见表6-7。

表6-7　初拟配方各养分含量与瘦肉型后备母猪需要量

饲料	用量（%）	消化能（MJ/kg）	粗蛋白质（%）	赖氨酸（%）	蛋氨酸＋胱氨酸（%）	钙（%）	磷（%）
玉米	66	9.418 2	5.742	0.158 4	0.250 8	0.013 2	0.033
豆粕	23	3.279 8	10.166	0.616 4	0.285 2	0.075 9	0.036 8
小麦麸	6	0.559 8	0.858	0.033 6	0.031 8	0.006	0.019 8
油脂	2	0.732 2	0	0	0	0	0
石粉	0.7	0	0	0	0	0.250 88	0.000 07
磷酸氢钙	1	0	0	0	0	0.296	0.227 7
赖氨酸	0.1	0	0	0.078 8	0	0	0
食盐	0.2	0	0	0	0	0	0
预混料	1	0	0	0	0	0	0

（续）

饲料	用量 （%）	消化能 （MJ/kg）	粗蛋白质 （%）	赖氨酸 （%）	蛋氨酸＋胱氨酸 （%）	钙 （%）	磷 （%）
合计	100	13.99	16.766	0.887 2	0.567 8	0.641 98	0.317 37
需要量		14.3	16.0	0.84	0.5	0.75	0.4
与要求差额		−0.31	0.766	0.047 2	0.067 8	−0.108 02	−0.082 63
差额百分比		−2.17	4.79	5.62	13.56	−14.4	−20.66

（4）对初拟配方进行判断和调整　饲料配方设计中对于初拟配方的调整是否顺利取决于判断是否细致、正确。在初拟配方中，能量的含量低于需要量。蛋白质和赖氨酸以及蛋氨酸和胱氨酸含量高于需要量。钙、磷的含量均低于需要量。能量相差 2.17%，蛋白质多 4.79%，赖氨酸含量多 5.62%。在配方调整时，应避免因为过多减少蛋白质和赖氨酸而导致能量的不足，因此在选择需调整的饲料原料时应考虑原料的等量替换，能量变动值和蛋白质、赖氨酸的变动值之比。配方差额中能量与蛋白质、赖氨酸之比分别为 −0.41（−0.31/0.766）和 −6.57（−0.31/0.047 2）。若用玉米替代小麦麸，则能量（14.27−9.33＝4.94）与蛋白质（8.7−14.3＝−5.6）、赖氨酸（0.24−0.56＝−0.32）差值之比分别为 −0.88 和 −15.44。玉米取代豆粕时能量与蛋白质、赖氨酸比值分别为 −0.000 28 和 −0.004 1。在进行养分的调整时要先将不足的养分补足，再考虑降低某些超出需要量的养分。所以调换的两种饲料差额中能量与蛋白质以及能量与赖氨酸的比值需分别大于 0.41 和 6.57（此时可不考虑正负），本次配方中小麦麸符合这一标准，因此可以通过玉米与小麦麸之间的调换来调整能量含量。玉米与小麦麸的增减可以参考如下：每增加 1% 的玉米降低 1% 的小麦麸，饲料中能量将增加 0.049MJ/kg，蛋白质会下降 0.056%，赖氨酸下降 0.003 2%。

在配方调整的过程中若赖氨酸含量较高，可小幅下调赖氨酸添加剂的比例。初拟配方中蛋氨酸和胱氨酸多 13.56%，钙、磷与需要量相比分别少 14.4%、20.66%，在饲料原料中玉米的蛋氨酸和胱氨酸的含量相对低于小麦麸和豆粕，因此在调整能量的过程中玉米和小麦麸的调换会降低蛋氨酸和胱氨酸含量。钙和磷的含量不足，需要补充石粉和调整磷酸氢钙含量，由于磷酸氢钙中钙磷含量均较高，而石粉中磷含量很少却含有较多的钙，可以先用磷酸氢钙满足磷的需要，而后用石粉补足钙。调整后的配方见表 6-8。

表 6-8　调整后的配方

饲料	用量 （%）	消化能 （MJ/kg）	粗蛋白质 （%）	赖氨酸 （%）	蛋氨酸＋胱氨酸 （%）	钙 （%）	磷 （%）
玉米	67.8	9.675 06	5.898 6	0.162 72	0.257 64	0.013 56	0.033 9
豆粕	4.5	0.419 85	0.643 5	0.025 2	0.023 85	0.004 5	0.014 85
小麦麸	21.3	3.037 38	9.414 6	0.570 84	0.264 12	0.070 29	0.034 08
油脂	3	1.098 3	0	0	0	0	0

（续）

饲料	用量 （%）	消化能 （MJ/kg）	粗蛋白质 （%）	赖氨酸 （%）	蛋氨酸+胱氨酸 （%）	钙 （%）	磷 （%）
石粉	0.7	0	0	0	0	0.250 88	0.000 07
磷酸氢钙	1.4	0	0	0	0	0.414 4	0.318 78
赖氨酸	0.1	0	0	0.078 8	0	0	0
食盐	0.2	0	0	0	0	0	0
预混料	1	0	0	0	0	0	0
合计	100	14.230 59	15.956 7	0.837 56	0.545 61	0.753 63	0.401 68
需要量		14.3	16.0	0.84	0.5	0.75	0.4

07

第七章

各阶段猪的饲养管理技术

第一节 后备种猪的选择与饲养管理

后备猪是指完成断乳后准备留作种用，还没有参加配种的猪。后备猪的饲养管理不仅影响到猪的发情配种、产后哺乳、断奶后发情，还会影响到种猪的利用年限。

一、后备猪的选择

选择好后备猪，是养猪场保持较高生产水平的关键。后备猪的选留要达到以下标准：

（1）后备公猪和母猪都要符合本品种特征，如毛色、体型、头形、耳形等。

（2）生长发育正常，精神活泼，健康无病，膘情适中。

（3）不能有遗传疾病，如疝气、隐睾、偏睾、乳头排列不整齐、瞎乳头等。遗传疾病不仅影响猪群生产性能的发挥，而且会给生产管理带来许多不便，严重的可造成猪只死亡。

（4）挑选后备公猪的条件：同窝猪的产仔数 10 头以上，乳头 7 对以上，且排列均匀，四肢和蹄部良好，行走自如，体长，臀部丰满，睾丸大小适中、左右对称。

（5）挑选后备母猪的条件：有健壮的体质和四肢（图 7-1）。具有正常的发情周期，发情征兆明显，外生殖器官发育正常（图 7-2）。阴门小的母猪不能选留。有效乳头至少 7 对以上，两排乳头左右对称、间距适中（图 7-3）。

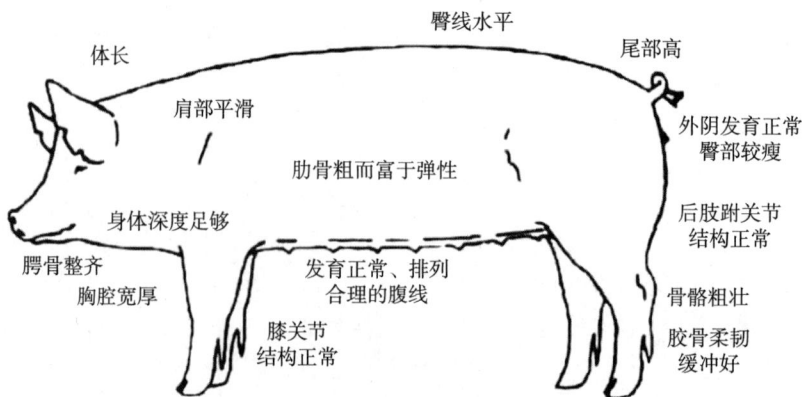

图 7-1　后备母猪标准体型结构示意图

（引自林长光，《母猪精细化养殖新技术》，2016）

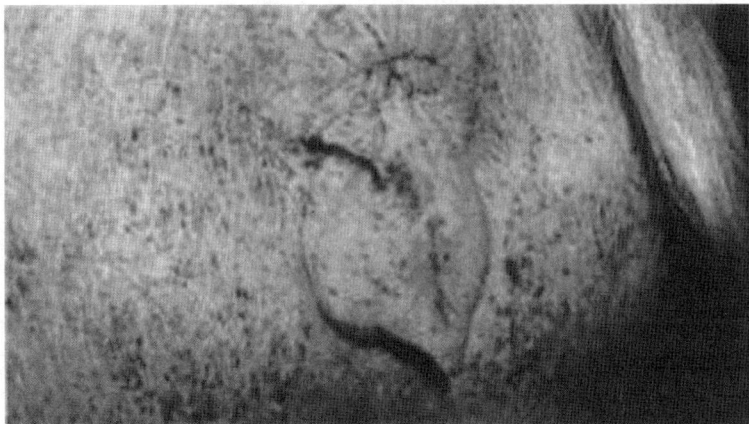

图 7-2　发育良好的外阴

（引自林长光，《母猪精细化养殖新技术》，2016）

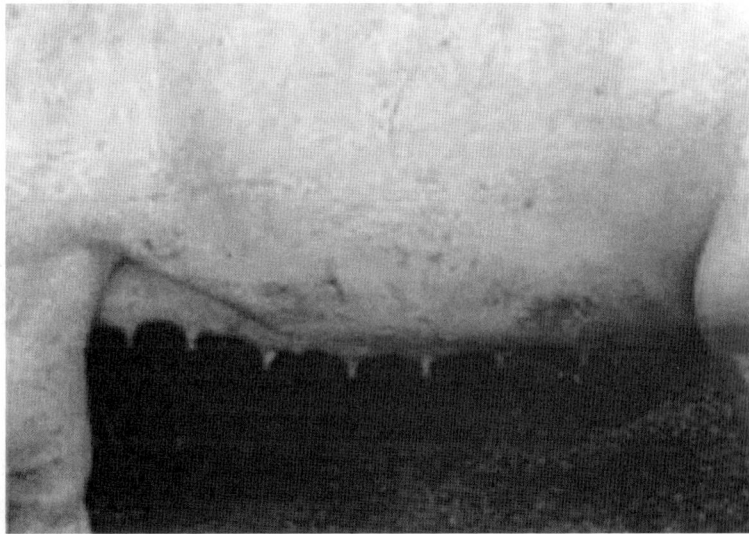

图 7-3　排列整齐的乳头

（引自林长光，《母猪精细化养殖新技术》，2016）

二、后备公猪饲养管理技术

1. 后备公猪的饲养技术

（1）饲喂全价日粮　为保证后备公猪正常的生长发育，特别是骨骼、肌肉的充分发育，应按相应的饲养标准配制营养全面的饲粮。赖氨酸及钙、磷均应比商品猪高 7%～10%，比小公猪高 17%～20%。同时配合饲料的原料要多样化，有 5 种以上原料，种类尽可能稳定不变，非变更不可时要逐渐变换。后备公猪全价日粮可参考表 7-1 和表 7-2。

表 7-1　后备公猪全价日粮

饲料原料	比例（%）
玉米	67.7
麦麸	15.0
草粉	4.0
豆粕	11.0
L-赖氨酸	0.2
DL-蛋氨酸	0.1
贝壳粉	1.5
食盐	0.5

表 7-2　后备公猪全价日粮营养成分

营养成分	含量
消化能（MJ/kg）	12.84
粗蛋白质（%）	13.0
粗纤维（%）	3.6
钙（%）	0.64
磷（%）	0.42
赖氨酸（%）	0.76
蛋氨酸（%）	0.28
胱氨酸（%）	0.15

引自：商国武，《农村实用养猪技术》，2014

后备公猪一般日饲喂量为 1.5～2.0kg，对体况特差的后备公猪可以多喂一些饲料。后备公猪饲粮要求消化能 12.8～13.8MJ/kg，粗蛋白含量 15%～18%（非配种公猪约15%，配种公猪 18%）；高温季节添加适量的赖氨酸、维生素 C 和维生素 E，增强公猪免疫力，提高精液品质。后备公猪饲粮中蛋白质对精子形成及寿命具有决定性作用，但蛋白过高会造成精子死亡率增加；同时，饲料中钙、磷比例要适当（1.5∶1），微量元素适中。使用磷酸盐时应测定氟的含量，氟的含量不能超过 0.18%。食盐补充钠和氯，维持体液的平衡并提高适口性。以下列举两种配方以供参考（表 7-3、表 7-4）：

表 7-3　配方（一）

饲料原料	比例（%）
玉米	65.0
麦麸	15.0
草粉	3.0
豆粕	15.0
L-赖氨酸	0.2
DL-蛋氨酸	0.1
贝壳粉	1.2
食盐	0.5

表7-4　配方（一）营养成分

营养成分	含量
消化能（MJ/kg）	12.89
粗蛋白质（%）	14.0
粗纤维（%）	3.6
钙（%）	0.60
磷（%）	0.38
赖氨酸（%）	0.84
蛋氨酸（%）	0.19
胱氨酸（%）	0.16

注：该配方适合于25~35kg小公猪，日增重546g。

表7-5　配方（二）

饲料原料	比例（%）
玉米	67.7
麦麸	15.0
草粉	4.0
豆粕	11.0
L-赖氨酸	0.2
DL-蛋氨酸	0.1
贝壳粉	1.5
食盐	0.5

表7-6　配方（二）营养成分

营养成分	含量
消化能（MJ/kg）	12.84
粗蛋白质（%）	13.0
粗纤维（%）	3.6
钙（%）	0.64
磷（%）	0.42
赖氨酸（%）	0.76
蛋氨酸（%）	0.28
胱氨酸（%）	0.15

注：该配方适合于25~35kg小公猪，日增重544g。

做好后备猪饲养管理工作，是保证猪场种公猪和种母猪优良生产性能的基础，也为生产优质的仔猪奠定坚实的基础，进而促进养猪场生产成绩和经济效益的提升。

（2）科学饲养　后备种公猪通常采用"前高后低"式饲养：4月龄前自由采食；4月龄后限制饲料供应量，非配种期饲喂量为2.0～2.5kg/d，适当搭配青绿饲粮，配种期2.5～3.0kg/d，每天在日粮中添加1个鸡蛋，增加蛋白营养。猪一般傍晚食欲最旺盛，早晨次之，中午最弱，夏季尤其明显。因此，后备公猪1d内可按早35%、午25%、晚40%的比例给料。

后备公猪的限饲很关键，尤其公猪体重达80kg后，更需要提供适宜营养水平的日粮，保持适宜的生长速度，保障各器官系统均衡的生长发育和结实的种用体质，维持旺盛的性欲和配种能力。营养水平过高，将导致后备公猪体况过肥，影响性欲和精液的质量；营养水平过低，将导致后备公猪体况差，体质过瘦，同样也会降低公猪性欲，导致公猪不主动爬跨，影响精液品质及机体抵抗力。

2. 后备公猪的管理技术

（1）分群饲养　公猪断奶初选后即可进行公、母分群饲养，减少转群应激；对于性成熟早的品种，可有效改善公母猪混养的躁动问题，防止偷配。分群可依据公猪体况和体重进行，一般体重相差不超过3kg，避免因强弱不均影响育成率。

早期公猪体重小，圈养数量可略多；后期随着体重增加，应逐渐减少单圈饲养量；配种前有条件的最好单圈饲养，2～3头/圈，不可过多，防止公猪相互打斗及爬跨，造成创伤。

（2）防疫保健　后备公猪在生长阶段根据各养殖场防疫程序及当地疫病情况进行疫苗接种。通常要求在配种前2～3个月进行必要的驱虫和猪瘟、猪口蹄疫、猪伪狂犬病、猪细小病毒病等疫苗注射，为后期健康的体况和配种做准备。

（3）适当运动　为使公猪保持强健的体魄和旺盛的性欲，后备公猪需保持适度运动。有条件的养殖场可适当放牧，在增加运动量的同时，公猪能采食青草、野菜等青绿饲料，提高食欲，强化营养储积；不方便放牧的养殖场可配备简易运动场或运动跑道，冬日午后或夏日早晚驱赶公猪适度运动；完全封闭的养殖场可降低后备公猪栏内饲养密度，保证公猪有充足的自由活动空间，或人为强迫走动。

（4）及时调教　后备公猪培育到一定年龄阶段，会出现拱、推、磨、吐泡沫、嗅等行为，并间歇性发出连贯、有节奏的低哼声，释放独特的体味或分泌物味道，甚至有爬跨射精现象，表明公猪性成熟。通常，中国地方猪性成熟早，后备猪2～3月龄即出现性成熟表现，而国外引进品种及培育猪种略晚，4～5月龄才达到性成熟。此时，公猪虽有发情表现，但生殖器官尚未完全发育成熟，不宜配种，而要根据公猪情况进行配种前调教。

调教频率：为使公猪保持良好的性欲，防止其产生厌烦感，单次调教时间不宜过长。一般公猪调教每天2次，每次15～20min能取得较好的效果。

调教方法：①现场观摩法。利用公猪的模仿能力及好奇心，一头种公猪配种或爬跨采精台时，将待调教公猪关在隔壁栏观摩学习。②发情母猪引诱法。用处于发情高峰期、性情温驯且体重接近的经产母猪引诱、刺激后备公猪，每周 1～2 次，每次 10～15min，促进公猪爬跨。③尿液、精液诱情法。在假台畜上涂抹发情母猪的尿液或公猪精液，利用公猪发达的嗅觉，刺激其产生性兴奋，诱导爬跨假台畜射精。

三、后备母猪饲养管理技术

1. 后备母猪的选育

后备母猪的选育是获得高品质后备母猪的首要条件。后备母猪的初选在体重 50～70kg 阶段就应进行。具有优秀繁殖性能的遗传特点是首要考虑目标：后备母猪母亲的多胎产仔数应不少于 10 头且母性好，母乳能力强；其次是其体况外貌特征：母猪整体应符合品种特征，外阴发育正常，大小合适，乳头发育正常且有效乳头应不少于 7 对，肩背宽而结实，腹部收腹好、无赘肉，臀部大而丰满有臀沟，肢蹄健壮、无缺陷。选育的后备母猪生长速度和背膘要达标：达 100kg 体重日龄不晚于 168d，B 超测定校正 100kg 体重背膘厚度 12～14mm。

2. 后备母猪饲养技术

（1）后备母猪饲养策略　后备母猪的初配应在达到 8 月龄、体重 125kg 以上时进行。研究表明，后备母猪第 1 次配种时的最佳体况：体重 130～140kg，P2 背膘厚 16～22mm。为了达到最佳状况，应使用后备母猪专用的饲喂计划（表 7-7），确保最大的排卵率及胚胎存活，其最佳策略就是在配种前的发情周期提供大量充足的饲料，配种后 21d 内则减少饲料的供给。后备母猪的饲养策略不应只有适当的能量和氨基酸供给，更应该加强特殊矿物质及维生素营养来改善繁殖性能。

表 7-7　后备母猪的阶段性饲养策略

（引自朱振鹏，《后备母猪的营养生理和饲养策略》，2012）

阶段划分	体重（kg）	日龄（d）	背膘厚（mm）	每千克饲料		饲喂策略（kg/d）
				消化能（MJ）	氨基酸（g）	
阶段 1	25～60	60～100	7	14.18	12.0	自由采食
阶段 2	60～125	100～210	7～16	13.51	8.0	2.5～3.5
阶段 3	125～140	210～230	16～18	13.51	8.0	自由采食
阶段 4	妊娠早期	230～260	16～18	13.51	8.0	2.0

（2）短期优饲　是在配种前让母猪大量摄入营养物质，以促进卵泡发育（包括黄体）。该方法主要是针对部分猪场初产母猪产仔数偏低而制定；对于饲养管理水平较高的猪场，采用这种饲喂方法并不能达到进一步提高产仔数的目的。后备母猪短期优饲方案见图 7-4。

需要注意的是，短期优饲方案只能执行到配种前，配种后要严格控制母猪采食量，妊娠最初 1 个月内高营养水平会严重影响胚胎着床，从而导致总产仔数偏低。

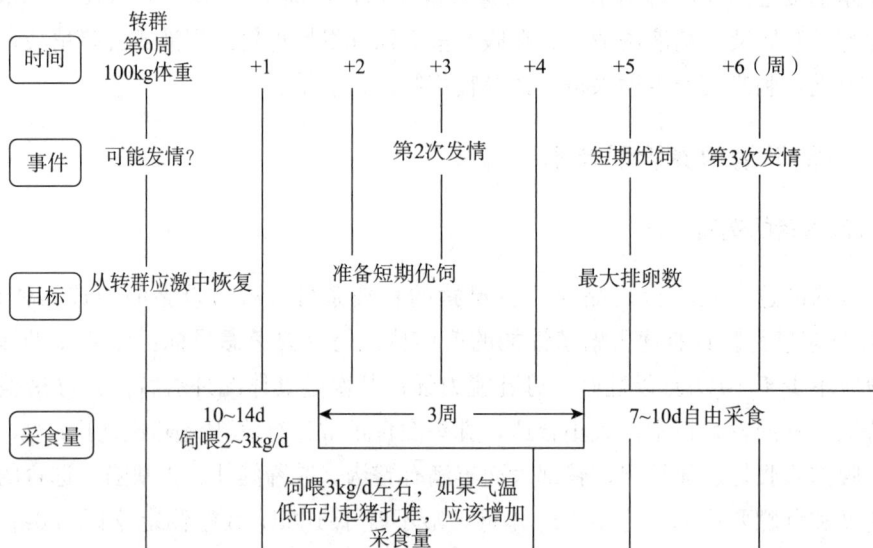

时间	转群 第0周 100kg体重	+1	+2	+3	+4	+5	+6（周）
事件	可能发情？		第2次发情			短期优饲	第3次发情
目标	从转群应激中恢复		准备短期优饲		最大排卵数		
采食量	10~14d 饲喂2~3kg/d		3周		7~10d自由采食		

饲喂3kg/d左右，如果气温低而引起猪扎堆，应该增加采食量

图 7-4　后备母猪短期优饲方案

（引自 *Farmer's Hand Book on Pig Production*）

3. 后备母猪管理技术

（1）合理组群　在大栏饲养的后备母猪最好每周进行 1~2 次体重大小、强弱分群，体重差异最好不超过 4.0kg，以免残弱猪产生。刚转入的后备猪每栏 4~6 头，随着日龄和体重的增长逐渐减少每栏的数量，为母猪的采食、休息和排泄提供足够的空间。

（2）环境控制　高温（29.4℃以上）会影响母猪发情行为的表现，降低采食量和排卵数，此时应采取降温措施，温度一般以 18℃ 为宜，相对湿度控制在 60%~75%。空气中氨浓度增加，后备母猪初情期延迟。因此，舍内应勤打扫，并保持通风良好。

（3）加强运动　运动可促进后备猪骨骼、肌肉正常发育，防止过肥或肢蹄软弱，而且可增强体质，促进性活动能力的加强。后备猪可定时进行驱赶运动或室外运动场运动，最好保证每周 2 次或以上，每次运动 1~2h。夏季选择清晨或傍晚凉爽的时间运动，冬季选择中午温暖的时间运动。

（4）促进发情　后备母猪 5 月龄后每天利用公猪诱情 2 次，上下午各 1 次，注意母猪与公猪要有足够的接触时间。对于发情母猪，应及时挑出按周次集中饲养。诱情公猪必须性欲良好，并且多头轮换使用，确保诱导发情，提高后备猪利用率。

（5）情期管理　饲养管理人员要密切注意观察后备猪初次发情的时间，5 月龄之后要建立发情记录，6 月龄之后划分发情区和非发情区，以便于达 7 月龄时对非发情区的后备母猪进行系统处理。发情猪以周为单位按发情日期进行分批归类管理，并根据膘情做好限饲、优饲计划和开配计划。在初情期前采取短期优饲法能够刺激促性腺激素分泌的升高，显著增加初情时的排卵数，同时可调节血中胰岛素和类胰岛素因子。后备猪第一次发情一般不配种，安排 10~14d 短期优饲，在第 2 或第 3 次发情时及时配种。初配月龄可根据背膘厚和体重来确定。若配种过早，其本身发育不健全，生理机能尚不完善，会导致产仔数过少及影响自身发育和以后的使用年限。

（6）防疫保健　后备母猪饲养期间一般进行 2 次驱虫工作，进场后第 2 周开始驱虫，配种前 1 个月再驱虫 1 次，所选药物应为广谱驱虫药。在用药期间，同时用 1%~3% 敌百虫溶液对猪体和栏舍喷洒控制体内外寄生虫，能使驱虫效果更显著。

关于后备母猪免疫接种，应根据当地疫病流行情况合理制定免疫程序，及时进行各种疫苗的免疫接种。接种疫苗前适当限料，并于接种 3d 前开始添加亚硒酸钠维生素 E 或在注射前 1d 添加维生素 C，以减轻免疫应激。定期进行伪狂犬病、蓝耳病、圆环病毒病等免疫抑制性疾病的检测，发现野毒个体及时淘汰。免疫规程最好是按照供种场提供的免疫程序，根据后备猪的日龄操作，保证免疫的连续性。下面以 120 日龄引种为例，推荐后备母猪的免疫程序（表 7-8），以供参考。

表 7-8　后备母猪推荐免疫程序

日龄	疫苗种类及剂量
127	伪狂犬弱毒苗 1 头份
140	蓝耳弱毒苗 1 头份
154	乙脑弱毒苗 1 头份、口蹄疫灭活疫苗 3mL
168	细小灭活疫苗 2mL、猪瘟弱毒疫苗 1 头份

第二节　种公猪的饲养管理

种公猪的饲养管理是一个猪场的核心。饲养种公猪是为了得到质量好的精液，因此要加强对种公猪的饲养管理。标准的成年公猪，应具备不肥不瘦、肌肉结实、性欲旺盛、配种能力强的体质。

一、种公猪的选择

作为种公猪要符合以下条件：
（1）体型外貌符合本品种雄性特征。
（2）生殖器官发育良好，中等下垂，左右对称，大小匀称，轮廓明显，没有单睾、隐睾或疝气，包皮适中，包皮无积尿。
（3）四肢强健有力，步伐开阔，行走自如，无内外"八"字形，无卧系、蹄裂现象。
（4）有效乳头 7 对以上，排列均匀整齐，且位置和发育良好，无瞎乳头或内翻乳头。
（5）三代系谱清楚，性能指标优良，选择综合评定值大的（综合评定指数至少要在

100 以上），说明该猪综合性能较好。如果体重较大，一定选择活泼好动、口有白沫、性欲表现良好的，最好是通过正规渠道购买采过精液、检查过精液品质的优秀公猪。

（6）与配的母猪产仔数多，后代活力强、生长快、体型好、无遗传缺陷的同胞、半同胞或其后代。

种公猪的留种分 3 个阶段进行，每个阶段有各自的选择重点，根据猪只的生产性能、体型外貌和市场需求等信息，综合确定是否留种。

（1）断奶时进行初选 从大窝中选留长势好、身体健壮的仔猪，初选时尽量多留。另外还有一个选种诀窍，即数量判断法，例如：1 头母猪产 10 个仔，公 8 母 2，则公猪可作良种留下，母猪即在淘汰之列，相反则淘公留母。

（2）5～6 月龄时进行二选 根据每头测定猪的育种值，综合体型外貌评分，由高到低进行挑选，选留公猪的育种值和外形评分应高于群体平均数 1 个标准差以上，选留的数量可比预计留的数量多 20% 左右。

（3）8～10 月龄进行终选 淘汰爬跨能力弱、精液品质差的公猪，使最终选留的数量达到规模要求。种公猪的留种比例，最好能实现 10～20 选 1，至少不能低于 5 选 1，也就是说，如果需要 10 头后备公猪，那么应该测定 100～200 头公猪，至少也得测 50 头，然后，从中选取估计育种值（EBV）排前 10 名的留种。

二、种公猪饲养技术

1. 种公猪的营养需要

保证均衡的营养需要是保证种公猪性能发挥的重要因素。考虑到各营养物质对种公猪的影响，合理搭配种公猪的日粮，避免饲料原料种类单一，保证充足的维生素、矿物质和微量元素供给，才可使公猪生长发育良好，性欲旺盛，精液量多质优和受胎率较高，配种能力旺盛，利用年限较长。

（1）能量需要 日粮中能量水平是种公猪生长发育、维持繁殖性能的基本条件。因此，为了获得种公猪最佳性能，在使用期间种公猪应处于体重增长的状态，当种公猪的体重处于 150～250kg 时，应该控制其体重，一般保持在 400g/d 的速度增重；而当种公猪体重处于 250～400kg 时，应保持其以相对低速度增重，需控制在 200g/d（表 7 - 9）。因此，建议其能量水平保持在 12.60～13.10MJ/kg 的水平。

表 7 - 9 处于不同生长阶段在适宜温度条件下种公猪每天能量需求量

项目	代谢体重（kg）					
	150	200	250	300	350	400
日增重（g/d）	500	400	300	200	100	50
代谢能（MJ/d）	34.19	35.18	35.92	36.46	36.86	38.76
平均日采食量（kg/d）	2.7	2.8	2.9	2.9	2.9	3.1

（2）蛋白需要　蛋白质和氨基酸在猪的精液品质、精子活力、寿命及性机能方面起着重要的作用。因此，种公猪的日粮供给应保持必需氨基酸摄入平衡，粗蛋白质含量应在14％以上。将不同体重的种公猪所需的氨基酸和消化能摄入量进行统计分析的结果见表7-10。

表7-10　不同体重种公猪的营养需要量分析

项目	体重（kg）					
	130	160	205	250	295	340
消化能摄入量（MJ/d）	31.4	34.9	37.4	39.5	42.4	45.0
赖氨酸（g/d）	17.3	18.8	20.3	22.5	24.8	26.3
蛋氨酸（g/d）	4.6	5	5.4	6	6.6	7
蛋氨酸＋胱氨酸（g/d）	12.2	13.3	14.3	15.9	17.5	18.6
苏氨酸（g/d）	14.3	15.5	16.7	18.6	20.7	21.7
色氨酸（g/d）	3.5	3.8	4.1	4.5	5	5.3

（3）维生素需要　在种公猪的生长和繁殖过程中，维生素是必不可少的营养物质。如果是长期缺乏维生素，公猪睾丸会肿胀或者萎缩，并失去繁殖性能。NRC（2012）推荐种公猪维生素A的每日需要量为9 500IU。维生素D与钙、磷的吸收利用有关，间接影响精液的品质。在饲料中添加少量的维生素D，并保证公猪每天进行1～2h日光浴，即可达到其需求量。此外，生物素的缺乏也会导致公猪繁殖能力下降，并容易患肢蹄病。当公猪肢蹄病情况严重时，其不能爬跨采精。因此，NRC（2012）推荐日粮中生物素的含量应为0.2mg/kg，如果出现蹄裂现象，可在日粮中添加0.2～1mg/t的生物素。种公猪对日粮维生素需要量见表7-11。

表7-11　NRC（2012）种公猪对日粮维生素的需要量（90％干物质）

类别	每千克日粮中含量	每日需要量
维生素A（IU）	4 000	9 500
维生素D（IU）	200	475
维生素E（IU）	44	104.50
维生素K（mg）	0.50	1.19
生物素（mg）	0.20	0.48
胆碱（g）	1.25	2.97
叶酸（mg）	1.30	3.09
可利用尼克酸（mg）	10.00	23.75
泛酸（mg）	12.00	28.50
维生素B$_1$（mg）	1.00	2.38
维生素B$_2$（mg）	3.75	8.91
维生素B$_6$（mg）	1.00	2.38
维生素B$_{12}$（μg）	15.00	35.63
亚油酸（％）	0.10	2.38

（4）矿物质营养需要　在种公猪的矿物质营养需求中，钙和磷最为重要，其摄入量不足或饲料中比例失调，均会使精液品质显著降低。一般种公猪饲料中钙磷比例以 1.5∶1 为宜，即钙 15g/kg、磷 10g/kg，并且应保持食盐量充足，一般 10g/kg 即可。种公猪早期锌元素的缺乏会造成输精管萎缩，最终导致促睾丸素排放减慢、睾酮形成减少和性欲减退。在日粮中添加 400~600mg/kg 氧化锌或 1 000~2 000mg/kg 硫酸锌，可在短期内改善种公猪的缺锌症状，减少和避免缺锌所带来的繁殖性能的减弱。种公猪对日粮矿物质需要量见表 7-12。

表 7-12　NRC（2012）种公猪对日粮矿物质的需要量（90％干物质）

种类	每千克日粮中含量	每日需要量
总钙	0.75％	17.81g
总磷	0.75	17.81g
磷的标准总肠道消化率	0.33％	7.84g
磷的表观总肠道消化率	0.31％	7.36g
钠	0.15％	3.56g
氯	0.12％	2.85g
镁	0.04％	0.95g
钾	0.20％	4.75g
铜	5.00mg	11.38mg
碘	0.14mg	0.33mg
铁	80.00mg	190.00mg
锰	20.00mg	47.50mg
硒	0.30mg	0.71mg
锌	50.00mg	118.75mg

（5）水的需要　必须在任何时候都为猪提供适口、对其健康无害的饮用水，饮水的温度不应妨碍猪的饮用。猪肉含有约 75％ 的水，而猪通常每消耗 1kg 干物质就会消耗 2~3kg 的水。如果水不能随时供应，那么猪的采食量和随后的增重就会下降，从而影响养殖收益。在能获得充足的非盐水前提下，猪可以忍受高浓度的日粮摄入的盐分，但如果水不能自由供应，就会导致中毒，这可能是致命的。各类猪的水需要量见表 7-13。

表 7-13　各类猪的水需要量

阶段	每天需水量（L）
体重<10kg	1.2~1.5
体重 11~25kg	2.3~2.5
体重 26~50kg	3~5
体重 51~120kg	6~8
种公猪	5~10
妊娠或后备母猪	5~10
哺乳母猪	15~20

2. 种公猪的饲喂

（1）饲养方式　种公猪的饲养方式可分为一贯加强饲养和配种季节加强饲养。前者适用于全年配种的公猪、青年种公猪和体况较瘦的种公猪，只有持续加强饲养才能正常参加配种；后者适用于季节性配种的种公猪，通常在配种前45d逐步增加营养供给，并在配种季节维持高营养供给；在配种完成后，逐步降低营养水平，营养素供给量以日常维持种用体况即可。

（2）饲喂技术　种公猪饲喂量要按饲养标准进行，同时根据体况、采精频率适当调整，一般体重达90～100kg的每日喂2kg，100～150kg的每日喂2.5kg，150kg以上的每日喂3kg，每天饲喂2～3次，冬天2次，夏天3次。种公猪精料用量应略高于其他类别的猪，日粮用量一般宜占体重的2.5%～3.0%。能量供给采取限饲方式，满足公猪营养需求即可，不可让种公猪每顿吃得过饱。但是，饲喂量应根据季节做出微调，如冬天适当增加饲喂量，气温每下降1℃，饲料所含能量应增加1%。夏天适当减少饲喂量，增加营养含量，同时喂些青绿多汁的饲料。种公猪过肥或过瘦都会影响性欲，降低精液质量，一般使公猪保持7～8成膘情即适宜。在配种后每只猪喂1枚鸡蛋，可保持种公猪身体强壮，因此可在配种频繁时，每次饲喂加鸡蛋1～2枚或鱼粉2%～4%等动物性饲料。

三、种公猪管理技术

1. 单圈饲养

避免种公猪的多圈饲养，保持圈舍周围环境安静。远离母猪舍，避免因母猪声、味等刺激造成种公猪精神不安和食欲减退，降低种用价值。同时圈舍应向阳，保证光照充足，适宜的光照对公猪精液量和精液品质有一定的改善作用。

2. 适当运动

适当运动可提高种公猪食欲，增强体质和免疫力，预防各种肢蹄病的发生，还可以提高精液质量，从而有利于配种工作的完成。建议每天驱赶种公猪外出1～2次，每次1h，运动范围离圈舍1.5km为宜。同时，避免在气温过高或过低下外出运动，夏季时运动安排在早晚，冬季则安排在中午较为合适，运动后30min内禁止饲喂或洗浴。种公猪配种期间尽量减少运动量或者暂停运动。

3. 刷拭和修蹄

夏季炎热时，定期给种公猪刷拭皮肤，可以起到降温防暑作用，并且可以减少体外寄生虫，防止皮肤病，促进血液循环。给种公猪刷拭皮肤可以增进人和猪的亲和感，方便配种采精工作。

日常还要做好种公猪肢蹄修护工作。对于蹄形不良的种公猪进行修整，避免配种时划伤母猪，影响配种工作的进行。特别注意每头猪使用后的刷子和修蹄工具，都要经过高温煮沸或3%火碱水浸泡后才可继续使用。

4. 适宜的环境

种公猪舍的温度管理非常重要，最适宜种公猪的温度为18～20℃，且保持种公猪舍清洁卫生，冬暖夏凉，尽量创造适宜种公猪生活的环境。种公猪舍一般要求圈舍干净卫生、干燥、温暖、无贼风。

5. 合理调教

种公猪性情比较暴躁，无论是饲喂还是配种、采精，都严禁大声喊骂或随意赶打，否则会引起公猪反感甚至咬人，影响公猪射精效果，所以公猪管理人员和采精人员要固定。同时采用科学的饲养管理制度，定时饲喂、饲水、运动、洗浴、刷拭和修蹄，合理安排配种，使公猪建立条件反射，养成良好的生活习惯。从公猪断奶起就要结合每天的刷拭对公猪进行合理调教，训练公猪要以诱导为主，切忌粗暴乱打，以免公猪对人产生敌意，养成咬人恶癖。对后备公猪的调教，在后备公猪7～8月龄时开始。

6. 定期检查精液品质和称量体重

实行人工授精的公猪每次采精都要检查精液品质，检查精子的活力和密度，精子活力低于0.7的精液不能用于输精。实行本交的公猪，每月检查1～2次精液品质。由非配种期转入配种期之前，检查精液2～3次，在配种高峰期最好每周检查1次。精液品质一旦出现问题，应立即停用，并查找原因，及时处理。定期称重，保持7～8成膘。

7. 加强防疫

要加强卫生和消毒，严防各种传染病发生，每年要进行各种疫苗的注射和驱虫（表7-14）。防止种公猪患蹄病和乙脑、细小病毒病等。种公猪患病时，应推迟配种，治愈后30d才可利用。

为了提高种公猪综合素质，还需进行适当的药物保健。建议每季度实施1次驱虫计划（伊维菌素＋阿苯哒唑，按说明使用）和1次药物保健（80%支原净200g/t＋金霉素300g/t＋阿莫西林300g/t），均为药物拌料混饲1周。老鼠、蚊蝇等疾病传播源，应定期消灭。

表7-14　种公猪免疫程序（推荐）

疫苗名称	防疫时间	剂量	部位及途径
链球菌病疫苗	1月、7月	3mL	颈部肌肉
口蹄疫疫苗	2月、6月、10月	3mL	颈部肌肉
猪瘟疫苗	3月、7月、11月	10头份	颈部肌肉

（续）

疫苗名称	防疫时间	剂量	部位及途径
伪狂犬病疫苗	4月、8月、12月	2头份	颈部肌肉
乙型脑炎疫苗	3月	1头份	颈部肌肉
圆环病毒病疫苗	6月、12月	2mL	颈部肌肉
细小病毒病疫苗	3月	2mL	颈部肌肉

四、合理利用

1. 适龄配种

种公猪应在体成熟以后开始配种利用。不同的品种达到体成熟的年龄有所区别：地方品种一般在 8～10 月龄，体重 60～70kg 开始配种为好；国外引进品种一般在 10～12 月龄，体重 90～120kg 开始配种为好。

2. 保证公、母猪数量比例

猪群应保持合理的公母比例。本交情况下公母比例为 1：（25～30），人工授精情况下公母比例为 1：（200～300）。

3. 合理掌握种公猪的配种强度

一般 1～2 岁的青年公猪，每周可配种 2～3 次。壮年公猪每天可配种 1～2 次，配种高峰期可每天配种 2 次，早、晚各配 1 次，连续配种 4～6d，休息 1d。如果要采精，青年公猪每周采 2 次，成年公猪隔天采 1 次，老年公猪每周采 1 次。

4. 种公猪的利用年限

种公猪的利用年限一般为 2～3 年，优良品种可适当延长。种公猪的最适宜配种年龄为 2～4 岁，这一时期是配种的最佳时期。要及时淘汰老公猪并做好后备种公猪的选育。

第三节　空怀母猪的饲养管理

母猪生产周期中，从断奶后到下一次发情配种前为空怀期。空怀期较短暂，母猪断奶后即进入空怀期，4～7d 后大多数母猪即可发情配种，少数母猪由于个别原因而发情延迟。空怀母猪饲养的目的是保持母猪正常种用体况，使其能正常发情、排卵，并及时配种受孕。

一、饲养管理目标

空怀母猪饲养管理的目标是促使青年母猪早发情、多排卵、早配种，保证多胎高产。

对于断奶母猪或未孕母猪，应积极采取措施组织配种，缩短空怀时间。

二、空怀母猪饲养技术

空怀母猪的饲养应按其膘情和体况进行饲喂，以促进发情排卵。

1. 空怀母猪体况判定方法

（1）外观判定法　根据母猪断奶体况参考图片进行评分（图7-5）。最佳体况评分应为2.0~3.0，分值4.0~5.0为过肥，分值1.0~2.0为过瘦。

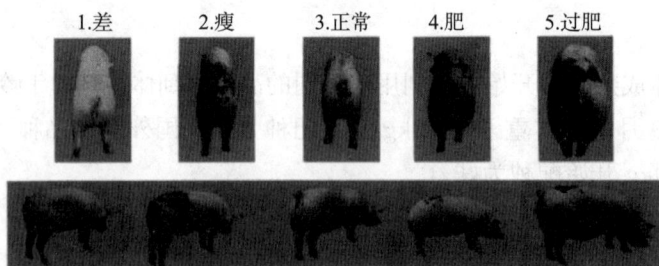

图7-5　母猪断奶体况评分参考图

（2）髋骨突起触摸法　骨盆上的髋骨突起覆盖脂肪，与母体脂肪含量关系密切，可利用手指触压的感觉，对照体况评分表（表7-15），判断母猪体况（图7-6）。

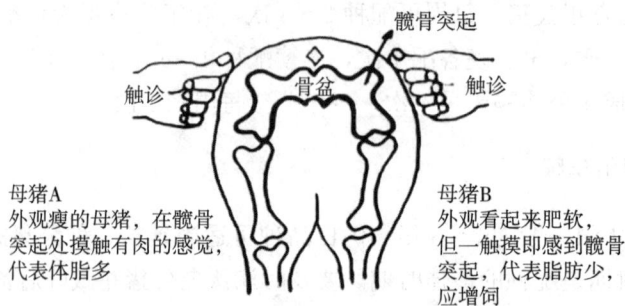

图7-6　髋骨突起触摸法示意图

表7-15　髋骨突起触摸法体况评分标准

分值	臀角及尾根	背腰	脊椎	肋骨
0（很差）	臀角非常明显，尾根深凹	背腰非常狭窄，脊椎横突边缘尖锐，肋部非常空陷	整个脊椎突出明显，尖锐	肋骨外观分明
1（差）	臀角显著，但有少量组织覆盖，尾根有凹陷	背腰狭窄，脊椎横突边缘有少量组织覆盖，肋部相当空陷	脊椎明显	肋骨不太明显，不易观察到单根肋骨

（续）

分值	臀角及尾根	背腰	脊椎	肋骨
2（中等）	臀角为组织覆盖	脊椎横突边缘为组织覆盖，呈鼓圆状	臀部脊椎可见，后部脊椎覆盖	肋骨覆盖，但可触摸到单根肋骨
3（良好）	重压后可触臀角，尾根无凹陷	重压后可触脊椎横突，肋部充实	重压后可触脊椎	肋廓不见，不易触摸到单根肋骨
4（肥）	臀角无法触摸，尾根被脂肪包围	无法触摸到脊骨，肋部充实鼓圆	无法触摸到脊椎	无法触摸到肋骨
5（过肥）	脂肪无法再沉积	脂肪无法再沉积	脂肪垄条间轻微凹陷，出现中线	脂肪覆盖厚实

（3）背膘测定法　采用B超或者背膘测定仪测定P2点的背膘厚度，科学评估母猪体况（表7-16）。P2点位置位于母猪最后肋骨左侧距离背中线6.5cm处。该方法比其他方法评定母猪体况更准确，对生产指导意义更大（图7-7、图7-8）。

背膘厚度及测定位点如图7-7、图7-8所示。

表7-16　母猪在不同繁殖阶段背膘厚度推荐值（mm）

后备母猪		经产母猪	
阶段	推荐值	阶段	推荐值
第一次配种时	18～22	配种时	20～24
第一次分娩时	20～24	分娩时	24

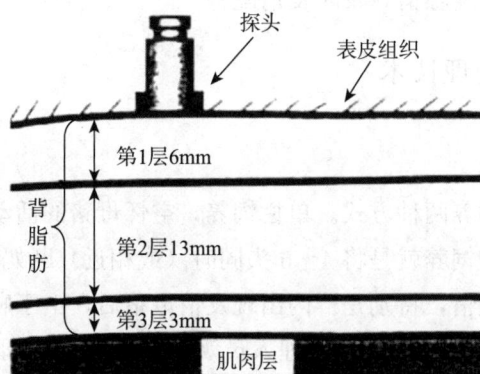

图7-7　背膘测定探头位置及脂肪分层示意图

2. 肥瘦适中（7～8成膘）空怀母猪饲养技术

采取短期优饲，断奶前3d开始减料，断奶后争取3d内干乳，干乳后开始加料，至每天采食4kg左右，断奶后至配种结束应喂空怀母猪料，也可喂哺乳母猪料。除必需的精料外，还应大量供给优质的青绿多汁饲料。

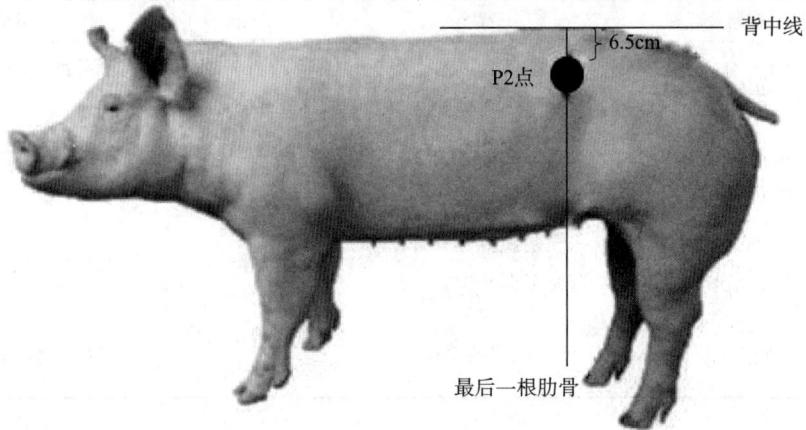

图7-8 母猪背膘测定位置

3. 泌乳力高的母猪

对于泌乳力高的母猪，因泌乳期营养消耗多、减重大，断奶以前相当瘦弱，断奶可不减料（保持4kg/d左右），以便尽快恢复体力、尽快发情配种。

4. 肥胖母猪

过于肥胖的母猪，往往贪吃、贪睡、发情不正常，应少喂精料，多喂青绿饲料，加强运动，使其尽快恢复到适度膘情，及时发情配种。

三、空怀母猪的管理技术

1. 管理方法

有单栏饲养和小群饲养两种方式。单栏饲养，空怀母猪的活动范围小，母猪后侧饲养公猪，以促进发情。小群饲养就是将4～6头同时（或相近）断奶的母猪养在同一栏（圈）内，自由活动，可促进发情，特别是群内出现发情母猪后，由于爬跨和外激素的刺激，可以诱导其他空怀母猪发情，同时便于管理人员观察和发现发情母猪，也方便用试情公猪试情。

2. 促进空怀母猪发情的方法

为了使母猪同期发情配种，提高母猪年产仔窝数，需要促进母猪提早发情。有的母猪在仔猪断奶后10d仍然不发情，此时除了改善饲养管理条件，促进发情排卵外，还应采取相应的措施诱导发情。促进母猪正常发情方法如下。

（1）公猪诱导法 猪场管理者牵引试情公猪爬跨不发情的空怀母猪，公猪分泌的外激素气味和接触刺激，经过神经反射作用，引起脑下垂体分泌促卵泡激素，促使母猪发情排卵。此法简便易行，比较有效。另一种简便有效的方法是播放公猪求偶声录音，利用条件反射作用试情。连日某固定时间段播放录音试情，这种生物模拟的作用效果也较好。

（2）加强运动　驱赶母猪运动，每天早晚并圈，每次 15～20min，可促进新陈代谢，改善膘情。母猪接受日光的照射，呼吸新鲜空气，有利于其发情排卵，如能与放牧相结合则效果会更好。

（3）激素催情　按每 10kg 体重注射绒毛膜促性腺激素（HCG）100IU 或孕马血清（PMSG）1mL（每头母猪肌内注射 800～1 000IU），有促进母猪发情排卵的效果。

（4）环境控制　空怀母猪的适宜环境温度为 16～20℃，温度过高，势必影响发情率，延长断奶至发情的时间间隔（表 7－17），降低排卵数和受胎率。空气相对湿度控制在 60%～80%，最高不超过 85%。

表 7－17　温度对母猪断奶至发情时间的影响

组别	数量（头）	温度（℃）	断奶至发情时间（d）	发情持续时间（d）	发情率（%）
水帘组	33	25～28	4.2	2.5	85
普通舍	33	28～33	4.7	2.3	75

四、空怀母猪屡配不孕的原因及解决方法

1. 空怀母猪屡配不孕的原因

①空怀母猪配种时间掌握不当，错过了最佳输精时间；②母猪有发情征状，但没有排卵；③配种或人工授精方法不当，造成未能及时受孕；④精液质量差；⑤母猪患有隐性子宫内膜炎等生殖系统疾病；⑥营养、环境、气候等因素造成的母猪乏情。

2. 空怀母猪屡配不孕的解决方法

①检查公猪精液品质，确保配种或人工授精时精液输入的数量和质量；②由经验丰富的配种人员配种，根据不同类型母猪确定发情时间，准确把握配种时间，同时可适当增加配种次数；③认真检查母猪以往病史及身体状况，重点检查是否有子宫炎等繁殖疾病，采取有效的治疗措施；④第一次配种的同时，可肌内注射人绒毛膜促性腺激素（HCG），以此促进母猪排卵受精。

第四节　妊娠母猪的饲养管理

在母猪饲养的所有环节中，妊娠母猪的营养需求和饲养管理是最为重要的环节之一，其关系到胎儿的健康生长发育、窝产仔数、仔猪的初生重、母猪乳腺的发育、母猪体况等，是养殖场提高经济效益的关键。需要根据妊娠母猪不同阶段的营养需求进行合理的饲

喂，同时，做好妊娠母猪的管理工作，以确保一系列提升经济效益的目标能够实现。

一、妊娠母猪生理特点

妊娠母猪生理特点，主要表现在以下几个方面。①在自身体重方面：妊娠初期，母猪摄入能量后体重增长迅速，但随着妊娠时间的延长，即使摄入足够的能量，其体重增速也逐渐减缓。②在胎儿生长发育方面：胎儿在妊娠前期生长缓慢，随着妊娠日龄的增加，胎儿体内水分减少，蛋白质、矿物质等含量增加，胎儿主要在妊娠后 1/4 时间生长发育。③在乳腺发育方面：母猪妊娠后 1/3 时间，乳腺迅速发育；妊娠 75d 左右，脂肪组织已被腺泡组织代替；妊娠 90d 后，母猪能够正常泌乳。④在激素分泌方面：母猪排卵后黄体不断分泌孕激素，以保证胎儿在子宫中正常发育；妊娠母猪体内雌激素存在于其血液、尿液以及分泌液中，随着妊娠时间的增长，雌激素分泌量不断增加，分娩前雌激素含量急剧上升，分娩时其含量又降至最低。除此之外，妊娠母猪体内促性腺激素含量受孕激素的负反馈作用而降低，胰岛素含量因为母猪对葡萄糖摄取和氧化分解减少等因素而降低。

二、妊娠母猪饲养技术

1. 妊娠母猪饲养方式

妊娠母猪一般采用群养与单体限位栏饲养两种方式，猪场可根据实际情况进行选择。群养（群饲）是将 3～4 头体重、预产期相近的母猪放在同一个大栏里饲养，优点是空间大，可供母猪进行一定的活动，也增加了与其他猪的"交流"。由于竞争意识，喂食时可以提高一定的食欲与采食量；缺点是很难找到性格相似的猪，群养初期会引起母猪之间的争斗，容易导致应激，前期精子着床失败，后期母猪流产、产死胎等，饲养难度较大。

单体限位栏饲养也叫定位饲养，一般限位栏大小为长 2.1m×宽 0.65m×高 1.1m，不会出现争斗、争食的情况，有利于母猪保胎，同时占地面积小，喂料饮水、粪便处理都相对集中，猪舍的管理效率较高。缺点是长期处于限位饲养的母猪会出现一定的"刻板行为"，即空口咀嚼、头部摇摆、卷舌、咬栏、过度饮水等，但并不会严重影响分娩率，饲养简单，所以我国猪场一般都选择单栏饲养。

2. 营养水平及饲喂量

妊娠母猪从日粮中获得的营养物质，首先满足胎儿的生长发育，然后再供给自身的需要，并为哺乳储备部分营养物质。因此，充足的营养物质是保证母猪和胎儿正常生长发育所必需的。

母猪在妊娠期间，应保持不肥不瘦、中等偏上的体况。母猪过肥，不仅浪费饲料，增加环保负担，还会使腹腔内脂肪组织积累过多，增加子宫负担，影响子宫内胚胎的发育，导致产出弱小仔猪，也容易造成难产，且产后容易出现食欲不振、泌乳不足等不良后果。

母猪过瘦，营养不足会影响胚胎的生长发育而导致产弱小仔猪；同时，妊娠期间母猪体增重少，体内没有足够的营养储备，会造成泌乳不足，影响哺乳仔猪的生长发育。因此，妊娠母猪应采用适度限制饲养，根据体况实时调整饲喂程序。母猪妊娠期间各阶段饲养推荐量见表7-18。

表7-18 妊娠母猪参考的每日饲喂量

阶段或类别	投料量		饲料类别	每天喂料次数
	夏天	冬天		
0～3d（妊娠前期）	1.4～1.6	1.6～1.8	妊娠料	1～2
4～28d（妊娠前期）	1.8～2.0	2.0～2.2	妊娠料	2
29～80d（妊娠中期）	2.2～2.4	2.4～2.6	妊娠料	2
81～107d（妊娠后期）	2.5～3.2	2.8～3.5	妊娠料	2
产前5d	3.0～3.2	3.2～3.5	哺乳料	4～5
113～114d	0.5～1.0	1.0～1.7	哺乳料	4～5

3. 妊娠母猪饲喂策略

（1）营养水平"高—低—高" 此方法适用于断奶后体况不好的母猪，一些母猪由于产仔时的管理不当，会出现产后厌食的情况，再加上给仔猪哺乳，体内营养不足。这类母猪需要在妊娠前期加强营养，以助母猪迅速恢复体况，待体重、膘情等恢复至之前的状态（3周左右恢复）时，即可减少一部分精料，等到妊娠后期再与其他猪只一起提高营养，且后期营养水平要高于前期，为产仔做准备。分阶段饲喂"高—低—高"模式参考程序见表7-19。

表7-19 妊娠母猪分阶段饲喂"高—低—高"模式参考程序

	阶段	饲喂量［kg/（d·头）］	饲喂次数（d）	饲料种类
妊娠期	1～4周（安胎期）	2.3	1～2	妊娠料
	5～13周（乳腺发育期）	2.0～2.2	1～2	妊娠料
	14周（攻胎期）	3.0	2	攻胎料
	15周（攻胎期）	3.5	2	攻胎料
	16周至临产前	4	2	攻胎料

注：一般猪场没有专门的攻胎料，使用哺乳料代替，但是会出现两个问题。①能量过高。②钙含量过高。建议使用强化纤维素营养的妊娠料，可以撑大胃肠道，为哺乳期高采食量打下基础，也可防止妊娠后期便秘。

（2）营养水平"逐渐提高" 此方法适用于后备母猪。后备母猪身体还处于生长发育阶段，需要足够的营养同时满足身体发育及胎儿的发育，饲料的营养水平应根据母猪本身的生长发育和胚胎的增长需要而逐步增长，尤其应增加蛋白质与矿物质的量，分娩前3d逐步减料，等待分娩。

（3）营养水平"前低后高" 该方法适用于配种前体况较好的母猪。妊娠前期胎儿生长缓慢，高水平的饲喂反而会引起胚胎早期死亡，降低胚胎存活率。只需根据营养需要，控制精料喂量，能基本维持自身及胎儿需要即可，可搭配一定青饲料。妊娠后期，胎儿发育加快，营养需要增加，此时再增加精饲料量直到分娩前几天。

4. 全面供给营养

妊娠早期母猪限饲主要是为了限制能量，但是其他的营养特别是和生殖相关的营养不能忽略，如叶酸、有机硒、β-胡萝卜素等。

妊娠后期尽量增加胃容积，满足分娩后大量进食对胃容量的要求；还要注意预防便秘，不然会增加内毒素和压迫产道，损害母猪健康，并且会延长产程。可以在饲料中添加发酵纤维，增加饱腹感。随着对纤维作用研究的深入，目前妊娠母猪的日粮纤维含量已由之前普遍的3%提高到了8%甚至更高。建议选择霉菌毒素含量低的苜蓿草粉和菊粉来替代部分麸皮。妊娠后期料中加入1%~2%豆油，妊娠母猪料中加纤维。

不同品系的猪妊娠营养需求不一样，如丹系母猪妊娠能量需要量高于美系母猪418.6~837.2J/d，赖氨酸需要量高0.1g/d，购买饲料时需考虑品种差异。

三、妊娠母猪管理技术

1. 做好妊娠诊断

（1）外部观察　早期妊娠诊断可以缩短母猪的非生产饲养期，降低饲料成本，在生产中至关重要。母猪的发情期一般为21d，配种失败的母猪会在一个情期后再次发情。配种成功的母猪会表现性情温驯、食欲旺盛、皮毛逐渐光顺、嗜卧嗜睡、阴户皱缩，站立或走路时夹尾，出现以上表现时基本可以判定为母猪已受孕。

（2）返情观察　当外部观察没有把握或者个别母猪发情不稳（假返情）时，赶公猪查返情，让母猪与公猪接触。当母猪表现出主动寻求接触、竖耳、静立等发情征状时，可以更加准确地判断母猪为返情，即配种失败，应作为空怀母猪饲养，等待下次发情配种。

（3）B超检查　目前，大部分猪场都采用B超测胎，一般配种后22~28d进行测孕。被测母猪正常姿势站立，B超探头上涂上耦合剂，在母猪后腹部三角区中间位置进行探查，探查时进行前、后、上、下微调找出胚胎具体位置，胚胎呈黑色规则的圆形，一般要找到2个以上胚胎才能确定为受孕成功。若影像模糊不清，可在另一侧相同位置探测，或标记后等胚胎发育，1周内再重新探测。此方法准确迅速，可以清晰地判别母猪是否受孕（图7-9）。

2. 保障子宫内环境稳定

妊娠早期胚胎发育需要良好的子宫内环境，如果产后护宫不到位，恶露未排净，会影响胚胎着床，配种后1~3d会损失20%左右胚胎，产后护宫以排出子宫内异物为前提，抗菌消炎要到位，恢复生殖机能是目的。

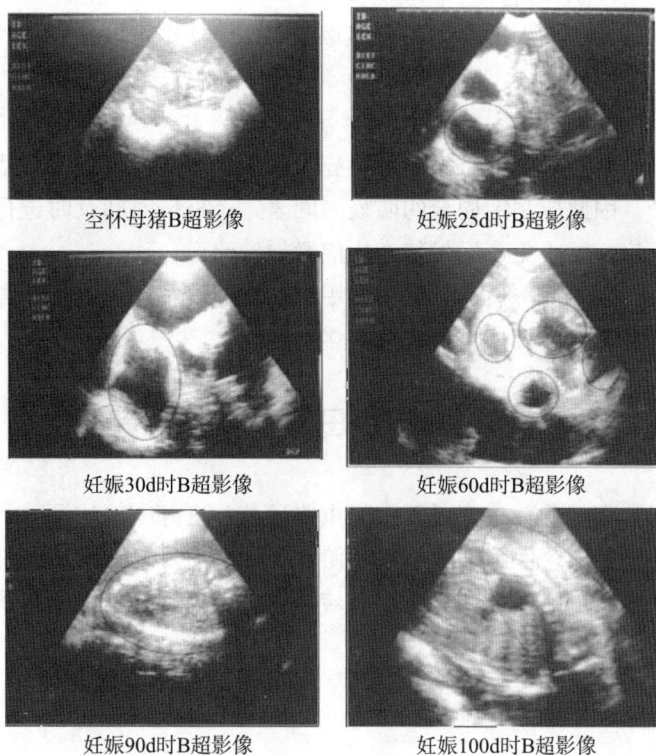

空怀母猪B超影像　　　　　　妊娠25d时B超影像

妊娠30d时B超影像　　　　　　妊娠60d时B超影像

妊娠90d时B超影像　　　　　　妊娠100d时B超影像

图 7-9　妊娠母猪各阶段 B 超影像

3. 减少外界刺激

配种后 3～28d 是胚胎迁移、着床的时间，这段时间尽量避免转栏、混群争斗和各类刺激因素。转栏时间：宜在最后一次输精 4～40h 内转移，或者在最后一次输精 30d 后转移。

4. 正确用药

配种后 1 个月内禁止注射一切疫苗，否则对胎盘屏障有影响，还可能引起免疫排斥反应，导致胚胎死亡。妊娠 40d 内避免使用磺胺类等有毒性的药物或者被霉菌毒素污染的饲料，其有一定的生殖毒性，有可能导致弱胎、畸形胎儿增多。

5. 控制环境

湿热对妊娠早期胚胎的发育及附植影响最大，适宜温度为 18～22℃，夏季最好不要超过 28℃，湿度在 60%～70%。

妊娠猪舍一般隔日消毒，1 周带猪消毒 3～4 次，消毒药物一般有氯制剂、酸制剂、碘制剂、季胺盐类、甲醛、高锰酸钾等。场内怀疑有传染病时改为每日消毒，要求按标准配置消毒剂，进行带猪喷雾消毒，不留死角，可以有效防止疫情发生和疾病传播，防止病原滋生。场外人员进场前要隔离消毒，采样检测无病原体携带后允许进场。

6. 做好防疫驱虫

妊娠母猪感染乙脑病毒、细小病毒、伪狂犬病病毒、蓝耳病病毒、猪瘟病毒等会引起胚胎的死亡或流产。因此应制定周全的防疫时间表，严格按时间及时进行免疫。妊娠后期可根据情况推迟免疫，防止免疫后母猪产生应激导致流产。

每年驱虫4次，同时冲洗栏舍，使用双甲脒对猪体表和环境进行消毒；疥螨严重的母猪，临产前肌内注射1针通灭（主要成分：多拉菌素）。

第五节　哺乳母猪的饲养管理

哺乳母猪饲养管理是养猪生产过程中的重要环节。良好有效的饲养管理能够确保哺乳母猪具有较好的身体素质，保障哺乳母猪的泌乳与断奶后母猪的发情配种，还可提高仔猪的哺乳期成活率、断奶成活率、断奶体重和转保育舍合格率，是保证猪场生产稳定和可持续发展的重要环节之一。

一、哺乳母猪饲喂技术

1. 哺乳母猪的采食量控制

采食量控制主要是为了保证整个哺乳期前后有足够的饲料采食量，考虑生产成本，在营养总摄入量不变的情况下，低营养含量高采食量比高营养含量低采食量更为经济。因此，在哺乳母猪管理中，高采食量的意义更为重要。一般来讲，按目前的配方设计计算，哺乳期母猪采食量应维持在7kg/d左右，同时应考虑母猪体况及哺乳阶段；母猪体况较好，可适当减少采食量；哺乳前期适当减少采食量，中后期逐渐增加采食量。保证采食量的措施：供给充足饮水，保证饲料新鲜度及适口性，粉料拌湿饲喂，根据体况限量加料，有条件可以添加1～2kg鲜绿青饲料。

2. 合适的营养含量

同采食量一样，营养含量与母猪体况及体重相关联。在适宜温度范围内，母猪维持的能量需要为消化能（DE）462kJ/kg；产奶的能量需要为DE 8.4MJ/kg，产奶量相当于仔猪窝增重的4倍。根据母猪体重和预期仔猪窝增重计算出哺乳母猪的能量含量；个体不同，可随着体重的减轻或者增加，适当增加或减少能量含量来补偿；温度的升高或者降低，可通过增加采食量或者增加不饱和脂肪酸成分油脂来调节能量的摄入。

3. 蛋白质和氨基酸

根据NRC（2012）标准计算，同时考虑热应激时母猪对蛋白质需求量增加，应选择优质的蛋白质来源，如豆粕、鱼粉、膨化大豆、发酵豆粕等，必要时补充必需氨基酸。

4. 矿物质和维生素

考虑泌乳期间铁、钾离子大量流失，特别是热应激状态下，应通过补饲铁、钾及维生素 C、维生素 E 来保持矿物质和维生素的平衡。

5. 功能性添加剂的应用

功能性添加剂如酶制剂、益生素、酸化剂等，目前已广泛应用，可以改善肠道健康，提高母猪对营养物质的吸收和利用效率。

6. 产前产后的饲喂技术

产前 4～7d 开始，以每日喂 4 次为好，时间以 6 时、10 时、14 时、20 时为宜；母猪每次 1～1.5kg，总数 3～4kg（视体况而定）；分娩前 3d 每天减量 0.5kg，到最后为 1kg 至分娩，分娩当天可喂 0.5～1kg；母猪喂料一次性不能加得太多，每次加 1.0～1.5kg，每次加料后赶母猪起来吃料并清扫粪。

产后 7d 的喂料情况，每日喂 4 次，产仔当天 0.5～1kg，第 1 天 3～4kg，第 2 天开始，每天增加 0.6～1kg，第 8 天达到自由采食；按照母猪 1.5kg＋每头仔猪 0.5kg 采食量计算每头母猪采食总量。由于产后母猪体力虚弱，过早加料可能引起消化不良，乳质变化，从而导致仔猪腹泻。所以产仔当天的喂料须灵活掌握，如果母猪产后体力较强，消化较好，哺育仔猪数量较多，则可加料，以促进泌乳。对于粪便干燥易便秘的母猪，要设法增加饮水量，必要时适当喂给人工盐。哺乳母猪在断奶前 3～5d 开始减料，从 5kg/d 以上逐渐减少到 1.5kg/d，断奶当天可不喂或少喂。

二、哺乳母猪分娩前的管理技术

1. 围产期母猪的管理

准确测算预产期（表 7-20），关注母猪乳房变化，防止母猪意外产仔造成损失。产前 14d 进行体内外驱虫，产前 5d 转入产房待产。母猪临产时饲料逐渐减少至 1.0kg/d，预防乳腺炎和产后食欲不佳。分娩当天适当喂些麦麸盐水汤。产前 7d 至产后 7d 用围产期料，添加保健药阿莫西林 300mg/kg＋氟苯尼考 100mg/kg。按计划注射疫苗。

表 7-20　母猪分娩日期推算表

配种日	配种月											
	1	2	3	4	5	6	7	8	9	10	11	12
1	4.25	5.26	6.23	7.24	8.23	9.23	10.23	11.23	12.24	1.23	2.23	3.25
2	4.26	5.27	6.24	7.25	8.24	9.24	10.24	11.24	12.25	1.24	2.24	3.26

（续）

配种日	配种月											
	1	2	3	4	5	6	7	8	9	10	11	12
3	4.27	5.28	6.25	7.26	8.25	9.25	10.25	11.25	12.26	1.25	2.25	3.27
4	4.28	5.29	6.26	7.27	8.26	9.26	10.26	11.26	12.27	1.26	2.26	3.28
5	4.29	5.30	6.27	7.28	8.27	9.27	10.27	11.27	12.28	1.27	2.27	3.29
6	4.30	5.31	6.28	7.29	8.28	9.28	10.28	11.28	12.29	1.28	2.28	3.30
7	5.1	6.1	6.29	7.30	8.29	9.29	10.29	11.29	12.30	1.29	3.1	3.31
8	5.2	6.2	6.30	7.31	8.30	9.30	10.30	11.30	12.31	1.30	3.2	4.1
9	5.3	6.3	7.1	8.1	8.31	10.1	10.31	12.1	1.1	1.31	3.3	4.2
10	5.4	6.4	7.2	8.2	9.1	10.2	11.1	12.2	1.2	2.1	3.4	4.3
11	5.5	6.5	7.3	8.3	9.2	10.3	11.2	12.3	1.3	2.2	3.5	4.4
12	5.6	6.6	7.4	8.4	9.3	10.4	11.3	12.4	1.4	2.3	3.6	4.5
13	5.7	6.7	7.5	8.5	9.4	10.5	11.4	12.5	1.5	2.4	3.7	4.6
14	5.8	6.8	7.6	8.6	9.5	10.6	11.5	12.6	1.6	2.5	3.8	4.7
15	5.9	6.9	7.7	8.7	9.6	10.7	11.6	12.7	1.7	2.6	3.9	4.8
16	5.10	6.10	7.8	8.8	9.7	10.8	11.7	12.8	1.8	2.7	3.10	4.9
17	5.11	6.11	7.9	8.9	9.8	10.9	11.8	12.9	1.9	2.8	3.11	4.10
18	5.12	6.12	7.10	8.10	9.9	10.10	11.9	12.10	1.10	2.9	3.12	4.11
19	5.13	6.13	7.11	8.11	9.10	10.11	11.10	12.11	1.11	2.10	3.13	4.12
20	5.14	6.14	7.12	8.12	9.11	10.12	11.11	12.12	1.12	2.11	3.14	4.13
21	5.15	6.15	7.13	8.13	9.12	10.13	11.12	12.13	1.13	2.12	3.15	4.14
22	5.16	6.16	7.14	8.14	9.13	10.14	11.13	12.14	1.14	2.13	3.16	4.15
23	5.17	6.17	7.15	8.15	9.14	10.15	11.14	12.15	1.15	2.14	3.17	4.16
24	5.18	6.18	7.16	8.16	9.15	10.16	11.15	12.16	1.16	2.15	3.18	4.17
25	5.19	6.19	7.17	8.17	9.16	10.17	11.16	12.17	1.17	2.16	3.19	4.18
26	5.20	6.20	7.18	8.18	9.17	10.18	11.17	12.18	1.18	2.17	3.20	4.19
27	5.21	6.21	7.19	8.19	9.18	10.19	11.18	12.19	1.19	2.18	3.21	4.20
28	5.22	6.22	7.20	8.20	9.19	10.20	11.19	12.20	1.20	2.19	3.22	4.21
29	5.23	—	7.21	8.21	9.20	10.21	11.20	12.21	1.21	2.20	3.23	4.22
30	5.24	—	7.22	8.22	9.21	10.22	11.21	12.22	1.22	2.21	3.24	4.23
31	5.25	—	7.23	—	9.22	—	11.22	12.23	—	2.22	—	4.24

2. 产前准备

首先要清洁、消毒产房，准备好干净垫草和保温设施；接着准备接产用具、消毒药水、器械等。时时观察临产表现。母猪出现不食、叼草絮窝、频频排尿、外阴红肿湿润，乳头用手挤可见奶水呈线状射出，表明母猪将在2～6h内分娩，阴道有羊水流出，即将分娩。对分娩前母猪进行消毒，可用高锰酸钾水擦洗乳房、腹部及外阴，每个乳头挤出几滴奶水。

3. 接产

（1）初生仔猪处理　仔猪出生后要立即用抹布擦净外呼吸道、身上的黏液，操作时保持倒提，脐带留长3cm左右，用碘酒消毒伤口之后再将其放入母猪身边吮吸初乳。

（2）假死仔猪急救　清除假死仔猪的口腔内异物，将其平放，头部稍向下，一手握住前腿，一手握住后腿，有节奏地作伸屈运动。救活的仔猪要实行辅助哺乳。

（3）人工助产　如果母猪子宫收缩微弱，则肌内注射缩宫素20～30U；如母猪持续努责不见仔猪产出，则要准备助产。术前接产员将指甲剪短，用0.1％高锰酸钾消毒后再涂上肥皂或凡士林后握成拳形小心伸入产道，注意产道宽敞与否，将产道中仔猪小心拉出，实施人工助产后的母猪一律连续3d肌内注射青霉素、链霉素以防感染。

（4）胎衣不下处理　如有胎衣不下，可肌内注射垂体后叶素，或在4h后用10％高渗盐水冲洗子宫，胎衣完全排出后再用碘制剂冲洗。

4. 产后母猪的护理

（1）产后母猪体力恢复　产后母猪因为虚弱懒动，待其充分休息后及时将其赶起来饮用麸皮盐水汤及排尿，利于母猪体力恢复，并可防止母猪产后便秘。

（2）母猪乳房检查　母猪拒绝哺乳，乳房有胀、热感，则为乳腺炎，轻者用湿毛巾热敷配合按摩，重者用10％磺胺嘧啶钠100～150mL，5％碳酸氢钠50～100mL分开静脉注射，配合青霉素或庆大霉素肌内注射，连用3d，每天1次。

（3）防治母猪无乳　当泌乳不畅时，肌注缩宫素5～6mL，每日2次，同时配合肌注青、链霉素或磺胺药物。

三、哺乳期管理技术

1. 饮水管理

哺乳母猪每天需要大量的清洁饮水，特别在高温季节，日饮水量可达70L左右。采用自动饮水器，保证母猪自由饮水，水源充足、干净，每头泌乳母猪每天的总需水量和饮水量分别为75L和20L。

2. 环境控制

春秋及冬季产房温度控制在22℃左右，夏季产房尽量控制在28℃以内，仔猪用保温灯保证局部温度，严防舍内温度突变。有条件的可以安装冷风机、水帘、锅炉等。产房湿度也要控制在 60% 以内，夏季适当冲洗产床底下地面，冬季无特殊情况尽量不冲产床底下。

产房内要始终保持清洁干燥，每次饲喂完都要清理产床上的饲料，床底下的粪便每天清理 2 次，确保母猪料槽下面无饲料，产床下面无积水及仔猪粪尿。每天冲粪沟 2 次，尽可能减少产房氨味。

3. 定期测定膘情

哺乳母猪在哺乳后期保持六七成膘情。若母猪膘情好，应适当减少精料和青饲料的投喂，以便使母猪断奶后能正常发情。若母猪膘情不好，则应注意防止母猪偏瘦，过于消瘦的母猪会影响断奶后的发情和配种。母猪在进入产房前和分娩后 14d 要对 P2 点背膘进行测量，通过背膘厚度的变化（表 7 - 21），及时调整每天的饲喂量及母猪断奶时间，以保证下次配种时有一个标准体况。

表 7 - 21   P2 点背膘测定时间及标准

阶段	P2 点背膘厚度（mm）	饲喂标准
产仔	18～22	
分娩 14d	≥14	若 P2 点背膘厚度<14mm，则要提前断奶，加强饲喂

4. 做好消毒防疫

母猪进分娩舍前，分娩舍需清洗干净和消毒，消毒干燥后的分娩舍过道用石灰乳涂刷一遍。妊娠母猪进分娩舍前需进行猪体消毒，以免污染分娩舍。在分娩舍内悬挂冰醋酸自然熏蒸。产后也需进行带仔消毒，消毒剂需选择对猪无副作用的，一般每 3d 进行一次消毒。

5. 防暑及治疗

高温季节母猪容易发生中暑，主要症状：体温 40～41℃，呼吸急促，不安，重者有神经症状，甚至昏迷。治疗：可实行耳静脉或尾端放血 100～200mL，全身冷水淋浴，有神经症状时肌内注射 25% 盐酸氢丙嗪 10～20mL 或安乃近 20mL。当体温降至 39℃ 时，应及时停止降温以免虚脱。症状缓解时，让母猪饮用糖盐水恢复体力。

四、母猪群的夏季管理措施

1. 设施使用管理措施

（1）确保通风、滴水喷雾降温系统运转良好   检查维护通风换气扇、滴水喷雾降温设施，雾化喷雾 4 次/h 运行，每次持续 1～2min，满足每头猪 0.8L/h 喷雾量；产房滴水降温系统达到 2～4L/h。

（2）增加饮水　适宜温度下，饮水问题容易解决；但温度升至 30℃ 以上时，哺乳母猪饮水量达 35L 左右，妊娠母猪达 15L 左右。采取措施：①保持蓄水池有充足的存水量；②饮水系统通畅；③水质清洁；④供水量达到 2L/min 左右。另外，多饮水对利尿降温也有利。

2. 饲喂管理措施

（1）调整饲料配方和饲喂时间和次数　夏季高温环境下可在饲料中添加 2%～4% 的油脂和 0.2% 碳酸氢钠，以补充因高温采食量下降引起的能量不足，适当提高必需维生素和矿物质元素水平。饲喂时少量多次，采用"3＋1"方式，白天喂 3 次，晚上补饲 1 次。

（2）调整配种时间和生产方案　主要针对高温季节哺乳母猪的热应激问题，为降低生产成本，可适当调整配种时间，合理安排生产。

（3）猪群保健　猪群每周正常消毒 2～3 次，严格按照免疫程序注射各种疫苗，做好记录；分娩前减料，产仔当天不喂料，产后逐渐加料；分娩前用维生素 E 或亚硒酸钠皮下注射，产后用阿莫西林或氨基比林、青霉素、链霉素治疗，有助于产后恢复。

第六节　哺乳仔猪的饲养管理

哺乳仔猪指的是从出生到断奶这个阶段的仔猪，在规模化猪场，一般哺乳时间为 21～28d。哺乳仔猪所处的阶段正是仔猪由母体内的寄生生活向独立生活的过渡时期。仔猪出生后，外界的各种环境因素不断刺激仔猪，导致仔猪容易处于应激状态。仔猪如能很好地适应环境的刺激和变化，则可以正常生长；如不能有效地适应环境改变，轻则生长受阻，重则死亡。因此，哺乳仔猪阶段是养猪最难的时期之一，也是猪死亡的高峰期，在饲养管理的过程中，需要做好精细的饲养管理，保障仔猪全活全壮。

一、哺乳仔猪特殊的生理特点

1. 消化器官容积小，胃内排空快

仔猪出生时，消化器官重量和容积都较小。比如仔猪出生时胃重仅有 4～8g，仅能容纳乳汁 25～50g。但仔猪消化器官发育很快，在整个哺乳期，胃容积扩大了 2～3 倍，小肠容积扩大了 50～60 倍。胃内排空速度快，仔猪 15 日龄时，食物进入胃内约 1.5h 即可排空。

2. 消化机能不完善

仔猪胃内唾液酶和胃蛋白酶很少，同时胃底腺不发达，不能分泌盐酸，胃蛋白酶没有活性，不能消化蛋白质，所以初生仔猪只能吃奶，不能利用植物性饲料。到 35～40 日龄

时，胃蛋白酶才表现出消化能力，仔猪才可以利用植物性饲料。

3. 易发生消化道疾病

正常的肠道微生物能刺激机体的免疫机能，并能抑制其他有害微生物的生长繁殖，从而减少肠道疾病的发生。仔猪在其哺乳期还未形成正常的微生物区系，所以更易发生消化道疾病。

4. 免疫力依赖初乳

初生仔猪缺乏先天性免疫力。初乳中含有大量免疫球蛋白，只有获得足够的初乳，仔猪才能获得被动免疫力。仔猪在主动免疫前主要依赖从初乳中获取的母源抗体来抵抗疾病。

5. 体温调节差

初生仔猪体温调节及适应环境的应激能力很差，如果环境温度过低，易发生腹泻等疾病，严重者会被冻死。主要因为仔猪的被毛稀疏、皮下脂肪少，加上大脑皮层调节体温的机制发育不全，因此不能很好地调节体温。

6. 相对生长发育快

仔猪初生重一般为1.2～1.5kg，10日龄体重可达出生时体重的2～3倍，30日龄达5～6倍。所以仔猪物质代谢是很旺盛的，对营养物质的数量和质量需求相当高，母猪奶水是否充足决定了仔猪是否能正常生长发育。

二、哺乳仔猪饲养管理技术要点

1. 及时吃足初乳

初生仔猪不具备先天性免疫力，需要通过吃初乳来获得免疫力。因此，应让仔猪尽可能早地吃到初乳。推迟初乳的摄入，会影响其后天的免疫力。初乳中除含有足够的免疫抗体外，还含有仔猪所需要的各种营养物质和生物活性物质。初乳中的乳糖和脂肪是仔猪获取外源能量的主要来源，可提高仔猪的御寒能力。初乳对促进代谢，保持血糖水平有积极作用。初生仔猪每100mL血液中血糖的含量是100mg，如吃不到初乳，2d后血糖可降至10mL或更少，即会发生低糖血症而出现昏迷。仔猪出生后立即将其放到母猪身边吃初乳，还能刺激消化器官的活动，促进胎粪排出。初生仔猪若吃不到初乳，则很难成活。对于哺乳仔猪的饲养，应采取少喂勤添的方法，即每天饲喂的次数多些，而每次的喂量少些，以适应其特点。

2. 注意防寒保温

仔猪出生后的生存环境发生了根本性的改变，即从恒温到常温，初生仔猪一周内的适宜温度要求控制在 24~30℃。同时，初生仔猪体内的能源贮备也是很有限的，即使吃到初乳，得到了脂肪和糖的补充，血糖含量可以上升，但这时脂肪还不能作为能源被直接利用，要到 24h 以后氧化脂肪的能力才开始加强，到第 6 天时，温度的调节能力仍然很差，从第 9 天起才得到改善，20 日龄接近完善。所以对初生仔猪进行保温是养好仔猪的特殊护理要求。考虑到普通农场养猪的实际情况，可在母猪圈的一侧建一个简易的保温室。保温室内可通过悬挂红外线灯泡（250~500W）或用热水袋加热。在保温室的中间离底部0.5m 处悬挂一支干湿温度计，以便准确掌握温度和湿度。室内地面上放一些铡短的松软垫草，并注意勤换。

3. 补充微量元素

铁、硒、铜等微量元素对仔猪的生长发育具有重要作用。铁是猪身体所需的一种重要的矿物质元素，仔猪体内缺铁就会影响自身的造血，导致营养性贫血症。而初生仔猪体内储备的铁很少，从母乳中能得到的数量也有限，每千克体重约为 35mg，仔猪每天生长需要铁 7mg，而母乳中提供的铁只能满足仔猪需要量的 1/10，若不给仔猪补铁，仔猪体内贮备的铁将很快消耗殆尽。所以需要从 3~4 日龄开始为仔猪补铁，补铁的方法很多，目前最有效的是给仔猪肌内注射铁制剂，如培亚铁针剂、右旋糖酐铁注射液、牲血素等，一般在仔猪 3~4 日龄注射 100~150mg，2 周龄时再注射 1 次即可。

在严重缺硒地区，仔猪可能发生缺硒性下痢、肝坏死和白肌病。可在仔猪出生后 5d 内注射 0.1%亚硒酸钠 1mL，第 10 日龄第 2 次注射 0.2%亚硒酸钠 2mL，同时注射维生素 E 合剂 0.5mL/头。注意硒是有毒物质，要严格按照使用说明书上的使用剂量进行注射。

铜也是猪机体必需的微量元素，与机体造血机能和神经细胞、骨骼、结缔组织及毛发的发育有关。仔猪缺铜会影响机体对铁的吸收和血红素的形成，进而引起贫血。仔猪对铜的需要量不大，通常情况下不易缺乏。在养猪生产中，添加高剂量铜还具有抗菌作用，并能提高仔猪的日增重。但是添加过量会引起铜中毒，添加量以不超过每千克饲料 250mg 为宜。

4. 水的补充

在舍内平均温度 21.5℃、平均相对湿度 63.0%的环境下，25℃的饮水能显著提高仔猪的日饮水量，提高仔猪的日增重，降低料重比，降低断奶仔猪的发病率和腹泻率。因此，适宜的水温对哺乳仔猪生长有利。乳汁和仔猪补料中的蛋白质和脂类含量较高，若不及时补水，就会使仔猪有口渴之感，生产实践中便会看到仔猪喝尿液和污水，不利于仔猪的健康成长。可在仔猪补料栏内安装自动饮水器或适宜的水槽并配备水温加热器，随时供给仔猪温度适宜的清洁饮水。

5. 提早开食补料

仔猪出生 1 周后，前白齿开始长出，喜欢啃咬硬物以消解牙痒，这时可向料槽中投入少量易消化的具有香甜味的颗粒料，供哺乳仔猪自由采食，其主要目的是训练仔猪采食饲料。每天强制补喂 2～3 次，5～7d 后一般都能自由采食，为断奶打好基础。开始补料后 1 周左右，仔猪会习惯采食饲料。提早开食补料，不仅可以满足仔猪快速生长发育对营养物质的需要，提高日增重，而且可以刺激仔猪消化系统的发育和机能完善，防止断奶后因营养性应激而导致下痢，为断奶的平稳过渡打下基础。早补料、勤补料、补好料对促进仔猪胃液分泌、提高仔猪消化机能与生长发育极为有利，这也是提高仔猪断奶窝重与猪场经济效益的最重要手段。

6. 做好仔猪防疫

根据各地疫情、疫病的种类和性质及猪的抗体水平等制定合适的免疫程序。转群前后应制定综合保健计划，在关键时期采用预防性投药。一般仔猪出生后，尚未吃奶前，可按常规剂量接种猪瘟兔化弱毒疫苗，2h 后再让仔猪自由吃奶。另外，可给母猪服用"止痢散"等药物，以防仔猪发生红痢、黄痢。如果仔猪发生了此类疾病，要立即给仔猪喂服止痢膏，并用杀痢王溶液或灭痢净涂擦猪的背部皮肤，一般在用药 1～2 次后见效。

除针对仔猪生理特点做好饲养管理外，还要加强人工看护管理。分娩头几天的母猪由于体力消耗，疲倦好睡，行动笨重，而仔猪幼小，生活力不强，动作迟钝，仔猪常常会被母猪压死。产后 3d 内应设置专人看管，3d 后在猪栏内猪睡觉的一角用木杠在离地面 20cm 高斜角固定，墙角内垫些切短的干草，待仔猪吮完乳后就放进去，经过几天调教，仔猪吮完乳后就会自动进去休息，避免被压死。饲养人员要注意观察，一旦发现有仔猪争抢同一个乳头时，要及时进行调解。最好是将弱小仔猪固定在前、中部乳头，体大有力的仔猪固定在中、后部乳头，以便使整窝仔猪发育均匀整齐。如果少数弱小仔猪吸奶不足，可额外进行补喂，以提高整窝仔猪的成活率。

第七节 断奶仔猪的饲养管理

断奶仔猪是处于断奶阶段的仔猪，又称为保育猪，是指从断奶到 70 日龄左右的仔猪。此阶段的仔猪，生长发育很快，对环境的适应能力明显增强，但其消化能力和免疫力还没有发育完善，如果饲养管理不当，很容易造成生长发育缓慢，形成僵猪，甚至患病和死亡。

断奶仔猪的饲养管理目的是保障仔猪顺利地完成由依靠母乳的半寄生生活向完全依靠饲料的独立生活过渡。

一、断奶仔猪难养的原因

1. 免疫力下降

母乳中有许多种免疫球蛋白，可有效减轻各种病原的危害，保护仔猪顺利度过哺乳期，而断奶后的仔猪缺乏母源抗体保护，主动免疫力和被动免疫力都较差，易受各种病原的侵袭。断奶应激可降低血液抗体水平,抑制细胞免疫力和免疫水平,导致仔猪抗病力减弱,诱发疾病。

2. 消化吸收能力下降

在哺乳阶段,仔猪小肠绒毛较长,消化和吸收效率很高。断奶后,绒毛脱落,腺管凹陷加深,小肠吸收表面积显著下降。研究表明,3周龄前仔猪正常的小肠绒毛呈纤长的手指状,隐窝较小,断乳后1周内则绒毛变为较短的平滑舌状,隐窝加深,这种形态学的变化导致小肠绒毛刷状缘分泌的消化酶活性降低。因此,要为早期断奶仔猪提供易消化的营养物质,并且这些物质不会对消化道产生抗原性。仔猪在0~4周龄时,胃蛋白酶、胰脂肪酶、胰淀粉酶、胰蛋白酶活性成倍增长,4周龄断奶后1周内各种消化酶活性降低到断奶前的1/3,导致仔猪不能适应植物为主的饲料,这也是仔猪断奶后2周内消化不良、生长受阻的重要原因。

3. 断奶应激

应激可危害猪的免疫系统,进而降低猪对疾病的抵抗力。应激因素很多,诸如营养不良、拥挤、免疫治疗、气温变化、分娩、断奶、转群、更换饲料等,其中断奶、转群、疫苗接种、分娩等是不能避免的应激因素。

断奶是外界因素和营养因素在短时间内急剧变化的综合反应,这些因素包括:

(1)猪群　不同窝仔猪组成新的群体。

(2)环境　离开母猪,独立生活,猪舍改变。

(3)饲料形态　由液体变为固体。

(4)能量来源　由乳汁、乳糖变为谷物淀粉。

(5)蛋白质来源　由易消化的酪蛋白变为难消化的植物蛋白。

(6)母源抗体停止供应　这些不可避免的应激因素都会导致断奶仔猪正常生长发育受阻,成活率降低。

4. 疾病因素

仔猪保育阶段,由于母源抗体逐渐下降,自身免疫力没有完全形成,很容易受到各种疾病侵袭。病毒性疾病常见的有猪繁殖与呼吸综合征、猪圆环病毒病等;细菌性疾病常见的有胸膜肺炎、副嗜血杆菌病等。各种继发感染和混合感染常有发生,如仔猪渗出性皮炎近年来发病率及致死率逐年提高,保育后期由猪呼吸道疾病综合征引起的呼吸道病往往令猪场一线管理人员束手无策,死亡率升高。

5. 管理因素

现保育阶段多采用网床(低架、高架)饲养,便于生产管理。但是这种方式也存在弊端,主要是空气质量难以保证,发病传播快,高床的自由采食不易发现不吃料的发病猪,待发现时已错过最佳治疗时间。

二、断奶时间及断奶方法的选择

1. 确定断奶时间

仔猪的断奶时间与母猪的繁殖利用率及猪场的经济效益密切相关。从理论上讲，21 日龄断奶与 35 日龄断奶相比，每头母猪年产仔数可以增加 2.4 头（表 7-22），每产 1 头仔猪可以节省饲料 4kg（表 7-23），可提高产床的利用率和固定资产的利用率（表 7-24）；同时提早断奶还可以减少母猪泌乳失重，缩短母猪断奶后到再发情的配种间隔等。但从母猪生理上看，母猪分娩 21d 后，子宫才会完全恢复；从母猪泌乳规律来看，21d 左右达到泌乳高峰；从哺乳期时间对断奶再发情间隔影响的结果来看，小于 15d 和多于 30d 哺乳将增加母猪断奶到再发情的间隔时间。因此，生产上在 21～28 日龄断奶是比较适宜的，不提倡早于 15 日龄断奶的做法。

表 7-22　仔猪不同断奶日龄对母猪胎次和产仔数的影响

断奶日龄	繁殖周期（d）	母猪年产胎次	每头母猪年产仔数（头）
15	136	2.68	28.1
21	142	2.57	27
28	149	2.45	25.7
35	156	2.34	24.6

表 7-23　不同断奶日龄造成仔猪成本的差异比较

断奶日龄	每头母猪年耗料（kg）	年产仔数（头）	每头仔猪分摊母猪料（kg）	以 35 日龄为对照，每头仔猪节省饲料（kg）
15	1 100	28.1	39.1	−5.6
21	1 100	27	40.7	−4
28	1 100	25.7	42.8	−1.9
35	1 100	24.6	44.7	0

表 7-24　每个产床每年提供不同断奶日龄仔猪数量

项目	断奶日龄		
	15	19	≥21
每年每栏仔猪	129	112	84

2. 提高仔猪断奶体重

一般来说，仔猪断奶体重决定了后期猪的生长发育，断奶体重越大，其后期的生长速度越快，达到上市体重的日龄也越早（表 7 - 25）。必须加强哺乳母猪的饲养管理，尽早开食补料，提高仔猪断奶体重。

表 7 - 25　断奶体重对后期体增重（kg）的影响

断奶体重（kg）	断奶后时间（d）			上市日龄（d）
	28	56	156	
4.5～5	12.3	27.6	/	/
5.4～5.9	13.9	30.2	107.4	182
6.3～6.8	15.1	31.8	109.3	179
7.3～7.7	16.2	33.9	113	174
8.2～9.1	17.2	35.4	113.8	172

3. 选择断奶方法

断奶可根据猪舍的建筑情况及饲养量，分别采取以下几种不同的断奶方法。

（1）规模化猪场大多采用一次性断奶，仔猪达到预定断奶日期，即将母仔同时分离分别饲养。

（2）母猪较少的饲养者可以按仔猪的发育、采食情况和用途分批断奶。将发育好、采食性强、准备作育肥用的仔猪调出，让留作种用和发育较差的仔猪继续哺乳，到预定断奶日期再将母猪移出。对先断奶所留下的乳头，应让仔猪继续吸吮，以免患乳腺炎。

（3）逐渐断奶同样适用于母猪较少的地面饲养者。即预定断奶前几天，将母猪赶到离原圈较远的圈隔开，每天定时放回原圈，逐渐减少哺乳次数。在断奶过程中，应让仔猪先吃料后吃奶。一般经 3～4d 即可断奶。这样不会使母仔感到突然，故也称为安全断奶，多被散养户采用。

4. 断奶过程注意事项

（1）仔猪断奶显然都以仔猪日龄来确定断奶时间，但更应该关注仔猪的体重，21 日龄断奶标准体重应不低于 6kg，28 日龄断奶体重应不低于 7kg。因此，应综合日龄和体重等因素来决定具体断奶的时间。

（2）如果仔猪达不到相应日龄的标准体重，应认真检查和改进哺乳期整个饲养管理系统存在的问题，而不是通过延长哺乳时间来解决。

（3）大部分猪场仔猪断奶都采用母猪移出、仔猪留栏 5～7d 的方法，但近年来由于蓝耳病、圆环病毒病等疫病的威胁，这种断奶方法存在着导致仔猪发生多系统衰竭综合征的风险，所以对于有疫病威胁的猪场，提倡采用一次性断奶，断奶后将仔猪立即转入保育舍的断奶方法。

（4）仔猪断奶时务必采用"全进全出"生产模式，部分断奶时达不到标准体重、需要继续哺乳的仔猪，应转入隔离舍或专门设置的用于隔离集中饲养弱小猪的猪舍（也称"保姆舍")。严禁放在原舍中继续哺乳，严禁寄养给下一批进栏的新母猪。

三、断奶仔猪饲喂技术

仔猪断奶前主要依靠母乳提供营养，断奶后要开始采食固体饲料，这需要一个时间较长的过渡和适应过程。由于断奶所产生的应激，一般断奶后当天仔猪几乎是不吃料的，断奶后第1天采食量平均为60g左右，第2天约150g，第3天约180g，第4～7天增速稍缓（每天递增10～20g），第8天开始采食量增加幅度较快（每天递增30～50g，有的甚至超过50g）。因此做好断奶仔猪饲喂工作非常重要。

1. 饲料的选择

（1）固体饲料饲喂　根据不同的猪栏结构采取不同的诱食方法诱导断奶仔猪采食：半漏缝地板的猪栏在地板上撒少量的乳猪料；全漏缝地板的猪栏垫上木板、橡胶垫或平板料槽，撒少量的乳猪料。选择明亮、醒目、对仔猪有吸引力的料槽，且少量多餐（每日6～8次），定时控量投放，以保持饲料新鲜，每天对栏内饲料清理，杜绝饲料浪费。

（2）液体饲料饲喂　与固体饲料饲喂相比，水和饲料结合的液体饲料饲喂，更像是猪的母乳，可以减少应激，使断奶仔猪吃得更多一些，有利于短时间内提高采食量。液体饲喂情况下，仔猪在断奶后4d的饲料采食量是固体饲料饲喂的1.5倍，生长更快，患病更少，均匀度更高。

（3）固体饲料和液体饲料相结合饲喂　断奶后头几天里，在正常的饲喂固体饲料料槽额外增加1个料槽，饲喂用固体饲料加水混合成的液体饲料。液体饲料要求规律饲喂，每次投入的饲料量以1.5h之内吃完为宜。每天饲喂3～4次，逐天减少次数。每次在液体饲料吃完后的间歇，在液体饲料料槽中添加少量的固体饲料，并逐次增加。6d后停止饲喂液体饲料，将额外增加的料槽收起，全部投喂固体饲料。

2. 饲喂策略

不同的猪场饲养管理习惯、追求的饲养目标以及采购的条件，可选择不同的饲喂策略（表7-26）。对于目前倡导的精细化饲养，建议选择饲喂策略1，即哺乳阶段饲喂教槽料、保育过渡期饲喂断奶过渡料、保育期分别饲喂保育前期料和保育后期料。不管采用哪一种策略，都应当遵循以下原则：

（1）少量勤添。少量多次的投料动作可刺激并诱导仔猪采食欲望，提高采食量。

（2）保持饲料的新鲜干净。各阶段仔猪料营养丰富，非常容易变质，因此必须妥善保管饲料，预防变质。

（3）各阶段饲料变更转换时要求适当过渡。

（4）保证适宜的采食位置和供给充足清洁的饮水是确保饲料品质得到充分发挥的重要条件。

表 7-26　仔猪饲喂策略推荐

饲养阶段	哺乳阶段	保育阶段		
	哺乳教槽料补料期	保育过渡期（断奶后 1~14d）	保育期	
			保育前期（断奶 15~28d）	保育后期（断奶后 29~42d）
饲喂策略 1	教槽料	断奶过渡料	保育前期料	保育后期料
饲喂策略 2	教槽料	断奶过渡料		保育后期料
饲喂策略 3	教槽料	保育前期料		保育后期料
饲喂策略 4	教槽料	断奶过渡料	保育料	
饲喂策略 5	教槽料		保育料	
饲喂策略 6	教槽料		保育前期料	保育后期料
饲喂策略 7	教槽料		保育料	
饲喂策略 8	断奶过渡料		保育料	

四、断奶仔猪管理技术

1. 断奶前的准备

转入仔猪前，保育舍空栏要彻底冲洗消毒，空栏时间不少于 3d。检查饮水系统，实行"全进全出"制，做好通风与保温工作。

2. 分群

规模化猪场应将原窝仔猪转入培育舍同一栏内饲养。如果原窝仔猪过多或过少，需要重新分群，可按其体重大小、体质强弱分栏，同栏仔猪体重相差不应超过 2kg。将各窝中的弱小仔猪合并分成小群进行单独饲养。合群后的仔猪会因位次的高低而出现打架现象，可进行适当看管，防止咬伤，减少分群应激。

3. 保证清洁充足的饮水

仔猪断奶转入保育舍后应保证供给清洁充足的饮水。一般来说，每头猪每天需水量约为其体重的 10%，饮水不足则会影响生长速度和饲料转化率。每 6~8 头猪需 1 个饮水器，水流速应为 250mL/min。

4. 饲养密度

群体大小和饲养面积等环境因素也会影响仔猪生长性能，一般每头所需面积为 0.23（高床饲养）~0.33（地面平养）m²，每降低 0.1m² 的面积，食物摄入会降低 45g/d。每圈饲养数量以 8~12 头为宜。

5. 适宜的温度、湿度

刚断奶的仔猪对温度最为敏感。相对体重而言，仔猪身体表面积较大，因此体内热量损失得非常快。刚断奶的仔猪活动量大，将增加能量的消耗，而饲料摄入量较低，导致用于生长的能量减少。4周断奶，第1周保证26～28℃，第2周23～25℃。仔猪越小，所需要的温度越高、越稳定。避免温度波动，每日温差超过2℃将引起仔猪腹泻和生产性能降低。为了能保持上述的温度，冬季要采取保温措施。湿度对断奶猪来说同样重要，断奶幼猪舍适宜的相对湿度为65%～75%。湿度过大可增加寒冷和炎热对猪的不良影响，潮湿还有利于病原微生物的滋生繁殖，从而引起仔猪多种疾病。应尽可能将湿度控制在仔猪适应的范围之内。

6. 药物保健

早期断奶仔猪由于应激的影响普遍会出现生理机能紊乱的现象，为增强仔猪对疾病的抵抗力和保证仔猪的健康生长，药物保健是非常必要的。应根据仔猪健康状况和不同季节疫病压力的不同，采用不同的药物保健方案，不要千篇一律，也不要照搬照用。疫病压力小且环境条件较好的猪场，仔猪断奶后投药1周即可。疫病压力大的猪场，除了仔猪断奶后第1周投药外，可以在保育仔猪发病日龄前半个月投药1周，提前预防，否则发病后用药治疗效果差、损失大。若70日龄仔猪呼吸道症状严重，可以在55日龄前后投药，可以联合使用纽氟罗和多西环素。若有副猪嗜血杆菌感染，可联合使用头孢噻呋等。在实际生产中，针对呼吸道及消化疾病，可以几种药物联合使用或轮换使用。若猪场饲养管理水平较高，根据本场猪病特点，可采用脉冲式给药，不必采用固定保健模式。

7. 免疫

做好各种疫苗的免疫注射，使猪只对各种传染病产生免疫力。根据猪场和当地实际情况、母源抗体状况、猪群发病日龄和发病季节，由专业人员制定免疫程序。现在普遍接受的是：病毒性疫苗必须接种，细菌性疫苗选择性接种；效果确实的疫苗必须接种，保护率不高的疫苗可不接种；当地常发或有可能发病的疫苗必须接种，发病可能性不大、附近没有发生过的疫苗可不接种。因为注射疫苗本身就是一种应激，对猪有一定的不良影响。过度的应激会诱发猪圆环病毒（PCV-2）病，因此应尽量减少疫苗的种类和次数。

8. 定期消毒，降低环境病原

如果病原污染严重，猪的抗体水平就会下降很快，使猪群的健康受到严重威胁。应每周消毒2次，消毒药轮换使用。

9. 驱虫

该阶段驱虫1次，使用伊维菌素即可，采用皮下注射较好。

第八节　生长育肥猪的饲养管理

　　生长育肥猪是指养猪生产中从育成到最佳出栏上市时的猪（一般在 70~180 日龄），该阶段的猪生长速度最快，饲料消耗占养猪饲料总消耗的 78%，超过全部生产成本的 60%，也是决定生猪饲养者获得最终效益量的重要时期。所以，生猪饲养者必须根据猪的生长发育规律，应用猪遗传育种、饲料营养和环境控制等各方面的研究成果，采用科学合理的饲养管理与疾病防制技术，达到猪群增重快、耗料少、胴体品质优、成本低和效益高的目的。

一、生长育肥猪生长发育规律

　　在不同生长阶段，猪的体重、体组织的增长和猪体化学成分不相同，表现出一定的规律性，由此构成了一定的成长模式。因此，了解掌握猪的生长发育规律，科学制定商品猪不同体重阶段适宜的营养水平和科学饲养技术措施，对发挥猪的最大生长潜力有重要意义。

1. 生长育肥猪生产阶段的划分

　　生长育肥猪按生长发育可划分为 3 个育肥阶段，即从断奶至体重 30kg 为生长期，体重 30~60kg 为发育期，体重 60~120kg 为育肥期，或相应称为小猪、中猪、大猪。猪的饲养效果如何，小猪阶段是最关键的，因为小猪阶段容易感染疾病或生长受阻，体重达到中猪阶段后较易饲养。猪生产中也有划分生长猪、育肥猪 2 个阶段的，但饲量仍按 3 个或多个阶段配制。

2. 生长育肥猪的生长发育规律

　　(1) 体重及生长速度的变化　　体重是反映猪体各部位和组织的综合指标，一般以日增重表示生长速度。在正常的饲养管理条件下，猪体重随日龄的增长而表现出有规律性的增长，在各个生长时期速度是不相同的。出生后猪的体重增重速度一般随着年龄增加而增加，到一定年龄达到最高峰，以后又随着年龄的增长而下降。最后达到成年时不再增长。生产实践表明，仔猪 6~8 月龄以前增重速度最快，饲料转化率最高，而 4 月龄之前生长速度最快，猪体重的 75% 要在 4 月龄之前完成。到 10 月龄以后增重速度减慢。生产中也会因品种、营养和饲养环境的差异，不同猪的增重和生长速度不尽相同。因此，在猪生产中要抓住增重速度快的高峰期，加强饲养管理，提高增重速度，减少每千克增重的饲料消耗，降低饲养成本，以保证其快速生长，缩短饲养周期。

　　(2) 体组织的组织成分变化　　猪体组织（骨骼、皮、肌肉和脂肪）的生长强度随体重和日龄增重也有一定的规律性。就生长强度的顺序而言，骨骼发育最早，肌肉居中，脂肪最晚，皮的生长保持一定的水平。但生产中也会因品种的不同而有所差异。如我国一些地方猪种（民猪、内江猪、太湖猪等），其肌肉组织比皮肤组织更为早熟，即生长后期皮肤的生长势强于肌肉，从而导致胴体肉少、皮厚，降低了肉用价值。由此可见，不同品种猪体组织的生长规律有所不同，但共同的特点是脂肪发育最晚。一般情况下，猪从出生后2～3月龄开始到体重30～40kg为骨骼生长高峰期，60～70kg为肌肉生长高峰期，90～110kg为脂肪蓄积旺盛期。虽然因猪品种、营养与管理水平的不同，上述变化规律有所差异，但基本上表现出一致性的规律。因此，在猪生长过程中应充分注意蛋白质和必需氨基酸的供给，促进肌肉的快速生长；而育肥期应适当限饲，减少脂肪沉积，这样既节省饲料，降低生长成本，又可提高胴体品质和肉质。

（3）猪体化学成分的变化　随着猪体组织和增重的变化，猪体的化学成分也呈一定规律性的变化，即随年龄和体重的增加，机体的水分、蛋白质和矿物质相对减少，而脂肪含量则迅速增加。在整个育肥过程中，增重的成分前后是不一样的：水分、蛋白质和灰分前期增加较多，中期渐减，后期更少；脂肪则前期增加很少，中期渐多，后期达最高。因此，在育肥过程中，可以利用猪体化学成分的内在规律，控制其不同阶段的营养水平，加速或抑制猪体某些部位和组织的生长发育，以改善猪的生产性能，合理利用饲料，提高猪的经济效益。

二、生长育肥猪的生产技术措施

1. 猪种的选择育肥准备工作

在我国养猪生产中，猪的品种很多，不同的品种有不同的特点和生产性能，同一品种在不同的饲养管理条件及不同地区产生的结果也不同，所以育肥时猪种的正确选择是首要因素。

（1）选择性能优良的杂种猪　充分利用杂种优势，开展不同品种或品系间的杂交，是提高生长育肥猪生产力的有效措施。实践证明，杂交后代的生活力强，增重快，饲料转化率高，育肥效果好，而且胴体瘦肉水平高。但是，由于不同亲本间杂交组合的效果不同，同一杂交组合在不同的环境条件下育肥效果也不同，因此，进行配合力测定，筛选符合生产目的并适合当地生产条件的最优的杂交组合十分重要。

从生产优质猪肉角度出发，在杂交组合中适当安排我国优良地方猪种很有必要，因为我国猪种普遍表现出肉质优良的特点。二元杂交种大多是以我国地方猪种或培育猪种为母本，以引进的国外猪种为父本杂交所生。三元杂交种是以我国地方猪种或培育猪种为母本，以引进的国外猪种为父本杂交所生，杂交种一代母猪作母本，再与引进的国外肉用型猪种作终端父本杂交所生。

（2）选用体大强壮、健康无病及发育整齐的仔猪　仔猪体重大小是发育好坏的重要标志。体重大、活力强、发育整齐的仔猪，育肥时增重快，省饲料，发病率和死亡率都低，因而，在选购仔猪时：一方面应考虑外形好、精神状态正常、体重大的仔猪，有利于育肥期生长；另一方面，由于猪都是群饲，所以还应考虑仔猪的健康状况和发育的整齐度。育肥开始时，群内的均匀性和健康状况越好，越有利于饲养管理，育肥效果越好。

（3）去势　现代养猪生产不但要求商品猪增重快、饲料转化率高，同时也要求商品猪的肉质好。作为商品猪饲养的小公猪以及种猪场不能作种用的小公猪，生长到一定的年龄和体重以后，因为其特有的雄烯酮、粪臭素等的存在，猪肉有一种难闻的膻气或异味从而影响了口感。因此，对公猪一定要进行去势。实践证明，去势后的公猪性情安静，食欲增强，增重速度快，肉质也好，同时也便于管理。对现代集约化猪场而言，小母猪一般不需要去势，其原因主要有两个方面。一方面，近年来猪种性能的改良及饲料科学的发展和饲养技术的改进，已使目前肉用品种杂种母猪的生长育肥期大为缩短，在出栏上市前尚未达到性成熟，对增重和肉质不会产生影响；另一方面，不去势的小母猪较去势公猪具有饲料利用率高、生长速度快，并可获得较瘦的胴体等优点。但是，对于我国性成熟较早的猪种和培育品种，还是应将母猪去势后育肥。

仔猪去势越早越好，但具体的去势时间与猪场生产管理有关。生产条件好的规模化猪场大多提倡在仔猪出生后 7 日龄内或断奶前的 10～15 日龄进行去势，因为去势进行越早产生的应激越小，并且出血少，操作简单，伤口愈合快，不容易受感染。在仔猪患病期间不宜进行去势。

（4）免疫接种　对于自繁自养的养猪场，为了预防疫病的发生，保证猪育肥期整个猪群的安全，仔猪必须按要求和相应的免疫程序对猪瘟、猪丹毒、猪肺疫和仔猪副伤寒等传染病进行预防接种。不同地区由于当地的疫病流行情况不同，其免疫程序也有所差异，应科学灵活进行。免疫接种时还应注意以下几点。

①严格管理疫苗的购入和使用，疫苗运输、使用均要保持冷链体系的完整。免疫注射时严格按照免疫程序即根据不同疫苗的特点具体实施。

②积极有效地防止疫苗注射时猪的应激反应，对发生过免疫应激反应的猪，7d 后及时进行补注免疫，切实达到猪免疫率 100%。

③疫苗注射时应根据猪群的不同体重来选择不同的针头。

④接种疫苗前后应尽可能避免一些剧烈操作（如转群、并栏、采血等），防止猪群处于应激状态而影响免疫效果。

⑤免疫接种前后 5d 内，勿使用激素类药物及抗病毒药物。

（5）驱虫　猪体内的寄生虫以蛔虫感染最为普遍，主要危害 3～6 月龄幼猪，病猪多无明显的临床症状，但表现出生长发育慢，消瘦，背毛无光泽，严重时增长速度降低30% 以上，有的甚至可能成为僵猪。因此，仔猪育肥期间必须进行驱虫。驱虫一般在仔猪90 日龄左右进行，常用药物有左旋咪唑、虫必清、驱蛔灵等，具体使用时按说明进行。当群体口服驱虫药时，应注意使每头猪能均匀食入相应的药量，防止个别猪只（体质健壮、食欲旺盛的猪只）食入量过大，造成中毒死亡。服用驱虫药后，应注意观察，若出现副作用，应及时解救。驱虫后排出的虫卵和粪便，应及时清除发酵，以防再度感染。

猪疥癣是最常见的猪体表寄生虫病，对猪的危害也较大。病猪主要表现为生长缓慢，甚至成为僵猪，病部痒感剧烈，因而常以患部摩擦墙壁或围栏，或以肢蹄擦患部，甚至摩擦出血，以致患部脱毛、结痂，皮肤增厚形成皱褶或龟裂。其治疗办法很多，常用1%～2%敌百虫溶液或0.005%溴氰菊溶液喷洒猪只体表或洗擦患部，施用几次后即可痊愈。

2. 提供适宜的环境条件

（1）圈舍的消毒与卫生　为保证猪的健康，避免发生疾病，在进猪舍之前有必要对猪舍、围栏、用具等所有设备进行一次彻底清洗，特别是旧栏舍应注意猪舍走道，猪栏内的粪便、围栏、自动采食槽、饮水乳头等的清洗及消毒，应打扫彻底、不留死角。干燥3～4d后，对栏舍用2%～3%的苛性钠水溶液进行全面消毒，而猪栏、走道、墙壁可用清水冲洗、晾干。墙壁也可用20%的石灰粉刷，饲槽、饲喂用具、车辆等应提前消毒，消毒后洗刷干净备用。进猪后可定期用对猪只安全的消毒液进行带猪消毒，在猪舍门口脚池内应放2%～3%的苛性钠水溶液。

（2）组群　生长育肥猪一般采取群饲，不仅可以提高劳动效率，降低育肥成本，而且可以利用猪的抢食习性，使猪多吃饲料，从而提高增重。因此，对猪进行合理组群是十分必要的。组群方法如下：

①按品种、杂交组合、体重、体质等情况组群。这样既考虑到同群猪的习性、大小、强弱等较相近，又可避免合猪群发生大欺小、强欺弱、互相干扰的现象，方便管理，使猪生长发育整齐。

②组群时通常按照"留弱不留强"（即把处于不利争斗地位或较弱小的猪留在原圈，把较强的带走）、"拆多不拆少"（即把较少的留在猪圈，把较多的猪并走）、"夜并昼不并"（即两群猪合并为一群时，在夜间并群）的原则进行；必要时也可在合群的猪身上喷相同的药液，如来苏儿等，消除其猪的异味，使彼此气味相似，不易辨别。

③将合为一群的仔猪赶入新圈，应及时调教，让其保持相对稳定后，饲养人员才能离开猪舍，尽量避免组群时咬斗、减食等应激反应，以免影响猪的生长。

④每群猪数量，要根据猪舍设备、饲养方式、圈养密度等决定。一般以每头猪的占地面积$1.0～1.2m^2$为宜，每圈一群以10～20头为宜。

⑤生长育肥猪合群经过一段时间饲养后，若发生大小、强弱参差不齐的现象，应重新调整猪群，否则会影响弱小猪的生长发育。有试验表明，每调圈1次，会使育肥期延长1周左右，所以组群后应尽量避免调圈。

（3）饲养密度　生长育肥猪群采取"原窝培育"是最好的方式。圈舍大小的确定可参考每头猪占栏面积标准：实体地面或水泥混凝土地面的圈舍$1.0～1.2m^2$，漏缝地板的圈舍$0.8～1.2m^2$，为充分利用圈舍及设备，每圈舍以10～15头为宜，最多不宜超过20头。饲养密度过小，则猪舍利用不经济；饲养密度过大，则咬斗次数多，影响采食和休息，并且夏季不利防暑，冬季因产生的有害气体、尘埃和微生物过多而使猪舍空气卫生状况不良，从而影响猪的育肥。

（4）调教　调教即进行引导与训练，一般在仔猪转入育肥舍后前3d进行。重点要抓好两项工作。首先，防止抢夺弱食，即保证每头猪都能吃到、吃饱，应备有足够的饲槽，对霸槽争食的猪要勤赶、勤教；其次，训练猪养成"三点定位"的习惯，即使猪在指定的地方吃食、休息和排便，关键是调教其定点排便。这样既有利于其自身的生长发育和健康，也便于进行日常的管理工作。具体方法是猪调入新圈前，要预先把圈舍打扫干净，在食槽内放入饲料，并在指定排便地点放少量粪便、泼点水；把猪调入新圈后，若有个别猪不在指定地点排便，要及时将其粪便铲到指定地点，并守候看管。这样，经过3～5d，猪就会养成"三点定位"的良好习惯。

（5）温度　猪舍的环境温度影响猪的增重速度、饲料转化率和胴体品质。猪生长最适宜的温度，前期以18～20℃为宜，后期以16～18℃为宜。在适温区内，猪体散热最少，饲料转化率也最优。略高或略低的环境温度对猪的健康一般无不良影响；反而适度的冷热刺激可提高猪的抵抗力，但饲料转化率降低。环境温度过高或过低会对猪的健康及生长性能产生明显的不良影响，降低猪的抵抗力和免疫力，诱发各种疾病。所以在寒冷季节要做好猪的防寒保暖工作，炎热季节应尽力做好防暑降温工作。

（6）相对湿度　随着现代养猪业的发展，猪舍的密闭程度越来越高，舍内湿度对猪的健康生长影响巨大。但单纯评估湿度对猪育肥的影响是有困难的，因为湿度是与环境温度共同产生影响的。如果温度适宜，则空气湿度对猪的增重和饲料利用率影响很小。低温高湿对猪的影响较大，会加剧体热散失，使猪增重下降，饲料消耗增高；高温高湿对猪的影响更大，高温高湿不仅会影响猪体的蒸发散热，阻碍猪的体热平衡调节，而且会加剧高温所造成的危害。此外，空气湿度过大时，会促进微生物的繁殖，容易引起饲料、垫草的霉变。但空气相对湿度低于40%也会对猪不利，容易引起猪皮肤和外露黏膜干裂，防卫能力降低，增加呼吸道和皮肤疾病。猪育肥时空气相对湿度以40%～75%为宜。

（7）空气质量　猪舍内空气经常受到粪尿、饲料、垫草发酵和腐烂形成的氨气、硫化氢等有害气体的污染，猪只自身的呼吸亦会排出大量的水汽和二氧化碳以及其他有害气体。如果猪舍设计不合理或管理不善，通风换气不良，饲养密度过大，卫生状况不好，就会造成舍内空气潮湿、污浊，充满大量氨气、硫化氢和二氧化碳等有害气体，从而降低猪的食欲、影响猪的增重和饲料利用率，并引起猪的眼病、呼吸系统疾病和消化系统疾病。因此，除在建筑猪舍时要考虑猪舍通风换气的需要，设置必要的换气通道，安装必要的通风换气设备外，还要在管理上注意经常打扫猪栏，保持圈内清洁，减少污浊气体及水汽的产生，以保证舍内空气的清新和适宜的温度和湿度。

（8）光照　从猪的生物学特性看，猪对光是不敏感的。一些研究也表明，光照对猪增重、饲料利用率和胴体品质及健康状况等的影响不大。因此，猪舍的光照只要不影响操作和猪的采食即可。但强烈的光照会影响猪的休息和睡眠，从而影响其生长发育，严重的还会导致咬尾。

3. 科学调制日粮，合理饲养

（1）饲料类型　在现代养猪生产中，常用颗粒料、干粉料和湿拌料来喂猪。多数试验表明，颗粒料喂猪效果优于干粉料；也可将干粉料和水按一定比例混合调制成湿拌料饲喂，这样既可提高饲料的适口性，又可避免产生饲料粉尘，但加水量不宜过多，一般按料水比例为1：（0.5～1）调制成湿拌料。注意特别是在夏季不要使饲料腐败变质。

（2）饲喂方法　常用的饲喂方法主要有两种，即自由采食和限制饲喂。两种方法各有特点，其根本区别在于控制猪营养物质的摄入量。自由采食是对猪的日粮采食量、饲喂时间和饮水等方面不加限制的饲喂方式。限制饲喂分为两种形式：①对营养平衡的日粮在数量上控制。②降低日粮的能量含量，限制猪对养分尤其是能量的摄入。自由采食时猪采食量大，日增重高，胴体背膘厚；限制饲喂时，日增重较低，但饲料利用率较高，胴体背膘薄。

在选择饲喂方法前，必须了解肌肉和脂肪的生长规律，在猪达到最大的瘦肉生长潜力之前，脂肪生长相对较少，一旦达到最大瘦肉生长潜力时，食入的多余营养物质才导致脂肪的增加。所以在实施限制饲喂时应注意：①限制饲喂必须在瘦肉达到最大生长潜力后进行，否则会影响瘦肉的生长；②一些瘦肉生长潜力较高的猪对限制饲喂的反应不是很明显。目前值得提倡的是前期自由采食，保证一定的日增重，后期限制饲喂，提高饲料转化率和瘦肉率。

（3）日喂次数　限制饲喂时，生长育肥猪每天的饲喂次数应根据猪的体重和饲料组成作适当调整。体重35kg以下时，胃肠容积小，消化能力差，而相对饲料需要多，每天宜喂3～4次；体重35～60kg的猪，肠胃容积扩大，消化能力增加，每天宜喂2～3次；体重60kg以后，每天可饲喂2次。饲喂次数过多并无益处，反而影响猪的休息，也增加了工作量。要根据猪每天的采食量来分配每顿的饲喂量，使猪每顿都能吃得完。每次饲喂的时间间隔应尽量保持均衡，饲喂时间选在猪只食欲旺盛时为宜，如夏季选在早晚天气凉爽时饲喂。

（4）供给充足洁净的饮水　生长育肥猪如果饮水不足，可以引起很明显的食欲减退、采食量减少，导致生长速度减慢、健康受损，严重缺水时还会引起疾病。

生长育肥猪的饮水量随体重、环境温度、饲料性质和采食量等的变化而有所不同。一般在冬季时，其饮水量应为采食饲料风干重的2～3倍或体重的10%左右，春、秋两季为采食饲料风干重的4倍或体重的16%，夏季约为5倍或体重的23%。

饮水必须充足洁净。饮水设备以自动饮水器为好，也可以在围栏内单设水槽，但应经常保持充足而洁净的饮水。

4. 选择适宜的饲养方式

（1）阶段育肥法　又叫"吊架子"育肥法，是我国劳动人民在长期养猪实践中总结出来的。这种方法把猪的整个育肥过程划分为3个阶段，分别给予不同的营养水平，把精料集中在小猪阶段和催肥阶段，在中间架子猪阶段主要利用青粗饲料，尽量少用精料，这是巧用精料的一种育肥方法。

①小猪阶段。这个阶段猪生长速度较快，对营养要求全面，特别是对能量和蛋白质的需要量大，因而日粮中精料比重较大，以防小猪掉膘或生长停滞，小猪阶段要求日增重

150～200g，饲养期约为 2 个月。

②架子猪阶段（中猪阶段）。主要饲喂青粗饲料，要求骨骼和肌肉得到充分发育，长大架子。架子猪阶段日增重较低，为 200～250g，饲养期为 4～5 个月。

③催肥阶段（大猪阶段）。此阶段为脂肪大量沉积的阶段，要求集中使用精饲料，实质是迅速沉积脂肪，日增重一般在 500g 以上，饲养期约为 2 个月。

阶段育肥法的优点是能大量利用农副产品饲料，节约精料。其缺点：①猪肌肉生长强度高时能量和蛋白质供给不足，限制了肌肉的生长；而后期正当脂肪生长强度高时给予高能量水平，增加了脂肪的沉积，导致猪胴体瘦肉少、脂肪多，不能适应当前市场的需要。②"吊架子"育肥维持消耗多，饲料利用不经济。

（2）直线育肥法　又叫"一条龙"育肥法，即根据猪生长发育不同阶段对营养需要的特点，育肥全期实行丰富饲养的一种育肥方式。在整个育肥期一直用精饲料喂，不用任何青粗饲料，充分满足猪对各种营养物质的需要，并提供适宜的环境条件，使其发挥最大生产潜力，以获得较高的增重速度和优良的胴体品质。其日粮粗蛋白营养水平：小猪阶段 16%～18%；中猪阶段 14%～16%；大猪阶段 12%～14%，一般从体重 10kg 长至 90kg 约 5 个月。料重比（3～3.5）：1，这种育肥方式优点是克服了阶段育肥的缺点，缩短了育肥期，减少了维持消耗，节省饲料，提高了出栏率和商品率；但其缺点是浪费饲料，胴体瘦肉率低，经济效益仍然不理想。

（3）"前高后底"育肥法　又称"倒喂法"，这是在直线育肥的基础上，为了提高瘦肉率而改进的一种前期高营养水平饲养、后期限制饲养的一种育肥方法。以下为其具体做法。

①体重 60kg 前。采用高能量饲喂，每千克饲料消化能为 12.5～12.97MJ/kg，粗蛋白质含量为 16%～17%，可让猪自由采食，不限量饲喂。

②体重 60kg 后。采用限量饲喂，限制育肥猪的采食量，即控制在自由采食量的 75%～80%。这样既不会严重影响猪增重速度，又可减少脂肪的沉积。或者仍让猪自由采食，但降低饲粮能量水平，最低不能低于 11MJ/kg，否则虽可提高瘦肉率，却会严重影响增重，降低经济效益。这种育肥方法增重速度快，饲料利用率高，瘦肉率高，育肥期短，已被广泛认可。

在生产中，应根据实际条件，科学利用育肥方法，做到因猪因地而异，有时也可多种育肥方法并用。

5. 选择适宜的出栏体重

（1）根据育肥性能和市场要求确定屠宰体重　根据猪的生长发育规律，在一定条件下，育肥猪达到一定体重后会出现增重高峰。屠宰时如果体重过大，胴体脂肪含量增加，瘦肉率会下降。因此猪并不是养得越大越好，需要选择一个瘦肉率高、肉制品令人满意的屠宰体重。

（2）以生产者的经济效益确定屠宰体重　猪日龄和体重不同，日增重、饲料利用率、屠宰率、胴体瘦肉率也不同。一般情况下：猪体重的增加在 10～67.5kg 阶段，日增重随体重增加而提高；67.5～100kg 阶段，日增重维持在一定水平；100kg 以后日增重下降。如体重过大时屠宰，随体重增加，屠宰率提高，但维持消耗增多，饲料报酬下降，肉价低，经济效益也下降；如体重过小时屠宰，猪的增重潜力没有得到充分发挥，经济上不合算。

我国猪种类型和杂交组合繁多，饲养条件差别很大。因此，增重高峰期出现得迟早也不一样，很难确定一个合适的屠宰体重。在实际生产中，生产者应综合诸多因素，根据市场需要和自身利益确定适合的屠宰体重。根据各地研究和推广总结：小型早熟品种适宜屠宰体重为 70kg；体型中等的地方猪种及其杂种猪适宜屠宰体重为 75～80kg；我国培育猪种和某些地方猪种为母本、国外瘦肉型品种为父本的三元杂种猪，适宜屠宰体重为 90～100kg；国外三元杂种猪，适宜屠宰体重为 100～114kg。国外许多国家由于猪的成熟推迟，猪屠宰体重已由原来的 90kg 推迟到 110～120kg。

后　记

　　随着我们翻到《养猪实用技术》的最后一页，本书的全部内容已接近尾声，希望读者们对在养猪过程中可能遇到的各种问题都有了更深入的理解。本书试图覆盖养猪全过程中的各个方面，包括选种、各阶段饲养管理，以及场舍选址和环境控制等内容，旨在提供一本全面而实用的参考手册。

　　在编写这本书的过程中，我们力求使其既有理论深度，也有实际操作的广度。我们深知，理论与实践的结合才是最有效的学习方式。因此，我们邀请了养猪业的专家和学者共同参与，使得本书既有实战的经验，又有科学的理论支撑。

　　然而，我们也明白，任何一本书都无法覆盖所有的知识。养猪行业的发展日新月异，新的技术、新的挑战会不断出现。我们希望读者们能够持续学习，不断更新自己的知识体系。

　　我们要特别感谢所有参与本书编写的专家和学者，他们的专业知识和无私奉献使得这本书得以完成。同时，我们也要感谢所有的读者，是你们的支持和鼓励使我们有动力将这本书做得更好。

　　在未来的日子里，希望《养猪实用技术》可以成为每一位养猪人手中的得力助手，为推动我国养猪业的现代化发展提供助力。我们期待与你们一同见证养猪业的发展和进步。

　　书中难免有不当之处，恳请读者批评指正。

　　谢谢大家。

编　者

2024 年 3 月

参 考 文 献

付利芝，2020. 猪病防控 170 问 ［M］. 北京：中国农业出版社 .

林长光，2016. 母猪精细化养殖新技术 ［M］. 福州：福建科学技术出版社 .

母治平，2021. 母猪批次管理技术 ［M］. 北京：中国农业出版社 .

商国武，2014. 农村实用养猪技术 ［M］. 成都：电子科技大学出版社 .

王文多，2021. 生猪养殖实用技术 ［M］. 兰州：甘肃科学技术出版社 .

杨公社，2003. 猪生产学 ［M］. 北京：中国农业大学出版社 .

杨公社，2017. 猪生产学 ［M］. 北京：中国农业出版社 .

张庆茹，2013. 养猪实用技术 ［M］. 北京：北京理工大学出版社 .

周芝佳，2021. 猪生产 ［M］. 北京：北京师范大学出版社 .

朱振鹏，2012. 后备母猪的营养生理和饲养策略 ［J］. 猪业科学，29（3）：106-108.